普通高等院校"十三五"规划教材

数学游戏与数学文化

主　编　彭康青
副主编　杨　明

西南交通大学出版社

·成　都·

内容简介

本书主要介绍了可用于义务教育阶段数学教学中的游戏或趣味性问题，及其求解原理和简单应用. 全书共分 12 章，内容涉及算术、代数、数论、逻辑、运筹、几何、拓扑等方面问题. 内容的选取既注重趣味性和知识性的统一，又注重通俗性和思想性的统一，贴近教学实际.

本书可作为高职高专院校数学文化类选修课教材，也可作为大学生的课外读物和中小学数学教师的教学参考用书，还适合具有中学以上文化水平的数学爱好者阅读.

图书在版编目（ＣＩＰ）数据

数学游戏与数学文化 / 彭康青主编. —成都：西南交通大学出版社，2019.1（2025.2 重印）
普通高等院校"十三五"规划教材
ISBN 978-7-5643-6642-1

Ⅰ. ①数… Ⅱ. ①彭… Ⅲ. ①数学－文化－高等学校－教材 Ⅳ. ①O1-05

中国版本图书馆 CIP 数据核字（2018）第 284091 号

普通高等院校"十三五"规划教材

Shuxue Youxi yu Shuxue Wenhua

数学游戏与数学文化

主编　彭康青

责任编辑	孟秀芝
封面设计	严春艳

出版发行　西南交通大学出版社
　　　　　（四川省成都市二环路北一段 111 号
　　　　　　西南交通大学创新大厦 21 楼）
邮政编码　610031
营销部电话　028-87600564　028-87600533
网址　http://www.xnjdcbs.com
印刷　四川煤田地质制图印务有限责任公司

成品尺寸	170 mm × 230 mm
印张	9.5
字数	180 千
版次	2019 年 1 月第 1 版
印次	2025 年 2 月第 6 次
定价	28.00 元
书号	ISBN 978-7-5643-6642-1

课件咨询电话：028-87600533
图书如有印装质量问题　本社负责退换
版权所有　盗版必究　举报电话：028-87600562

前　言

　　数学，是整个科学技术的基础，它广泛应用于人类日常生活和生产实践中．随着社会的进步，它已不再单纯是人类生活的工具，它的思想和方法成为解决许多重大社会科学难题的关键，它的成果正在悄悄改变人们的生活方式．同时数学作为一种文化，已成为人类文明进步的标志，数学素养成为每一位公民必须具备的素养，每个人都需要学习数学、了解数学和运用数学．

　　数学如此重要，但是很多同学害怕学数学，因为数学通常以冷峻和严肃的面目出现．为了改变数学教材"板着面孔说话"的方式，《义务教育数学课程标准（2011 年版）》中专门指出："数学文化作为教材的组成部分，应渗透在整套教材中．为此，教材可以适时地介绍有关背景知识，包括数学在自然与社会中的应用，以及数学发展史的有关材料，帮助学生了解在人类文明发展中数学的作用，激发学习数学的兴趣，感受数学家治学的严谨，欣赏数学的优美．"

　　为了贯彻新课标的理念和要求，现阶段，数学文化已渗透到各年级数学教材中，有些内容还以专题形式呈现．比如，七巧板、抽屉原理、莫比乌斯带、简易逻辑问题等都以不同的形式纳入不同版本的教材中．作为数学教师或未来的数学教师，有必要全面了解、掌握这方面的知识，学会设计与组织数学游戏活动，这对高效地开展数学教学是十分必要的．作者围绕这个目的，参阅了不同版本的义务教育阶段数学教材，精心选取了教材涉及的数学文化部分内容，以专题的形式进行介绍．

　　本书主要介绍了可用于义务教育阶段数学教学中的数学游戏或趣味性问题，及其求解原理和简单应用．大多数游戏看似简单，其中却蕴含着深刻的数学思想．全书共分 12 章，内容包括：扑克牌中的数学游戏，与进位制有关的几个游戏，美的密码，猴子分苹果与递推问题，抢板凳与抽屉原理，逻辑问题，机灵的小白鼠与约瑟夫斯问题，趣味对策问题，七巧板，一笔画，莫比乌斯带，拓扑学拾趣等.

本书由彭康青执笔撰写并统稿，杨明进行了补充修改.

本书通俗易懂，可作为高职高专院校数学文化类选修课程的教材，也可作为大学生的课外读物和中小学数学教师的教学参考用书，还适合具有中学以上文化水平的数学爱好者阅读.

陇南市科学技术局、陇南师范高等专科学校对本书的出版给予了极大的帮助，在此编者致以衷心的感谢.

限于作者水平，书中错误、缺点在所难免，欢迎读者批评指正.

编者

2018 年 9 月

目 录

第1章
扑克牌中的数学游戏

玩扑克牌是大家喜闻乐见的一种游戏活动. 扑克牌既是一种娱乐工具, 同时也是数学课程的一种教学资源. 许多常见扑克牌游戏都可作为帮助学生认识数、提高运算能力、激发学习兴趣、开发智力的有效载体. 本章我们介绍有关扑克牌的数学游戏活动.

1.1 抢牌游戏

游戏规则:

（1）每 4 人一组, 每组一副扑克牌, 去掉大小王和 J, K, Q, 还剩 40 张, 轮流揭牌, 揭完为止.

（2）同时单张出牌, 谁最先算出前面所出牌点数之和时, 把这些牌抢入手中再用; 算错抢错者, 从手里牌中取出与欲抢牌的点数相同的牌.

（3）逐个淘汰无牌者, 最后把 40 张牌抢到手者赢.

此外, 还可将此游戏改造成求和、差、积、商方面的数学游戏.

1.2 24 点游戏

有一种叫"24 点"的游戏曾经风靡美国、日本等许多国家, 深受青少年朋友的喜爱. 这种游戏首先将大小王去掉, 把 A, J, Q, K 分别看作 1 点、11 点、12 点、13 点, 或者将它们均看作 1 点或 10 点, 其余牌面是几,

就是几点. 玩的规则不尽相同, 其中有一种玩法是:

（1）每 4 人一组, 每组一副扑克牌. 去掉大小王, 还剩 52 张, 除了数字牌外, A, J, Q, K 分别看作 1 点、11 点、12 点、13 点. 轮流揭牌, 每人手上 13 张牌.

（2）参加游戏的 4 个人每人从手中任意出 1 张牌, 然后用这 4 张牌分别代表的正整数思考算法, 要求将这 4 个数通过加、减、乘、除运算, 而且每个数用且只用一次, 可加括号, 谁最先想出结果是 24 的算法, 谁就获得这 4 张牌. 都算不出来, 牌入底.

（3）再次每人任意出 1 张牌, 继续按规则（2）进行. 最后谁手中牌最多谁就赢.

例如, 抽出的四张牌为 3、4、7、11, 可以这样计算:

$$(7-4) \times (11-3) = 3 \times 8 = 24$$

或

$$(7+11) \div 3 \times 4 = 18 \div 3 \times 4 = 6 \times 4 = 24.$$

1.3　速算 24 点比赛

例 1　把 A, J, Q, K 分别看作 1 点、11 点、12 点、13 点. 假设每次抽出 4 张牌得到下面 4 个正整数, 你能对下面几组数通过加、减、乘、除运算算出 24 吗?

（1）2, 3, 4, 5;　　　　　（2）3, 4, 5, 10;

（3）1, 3, 9, 10;　　　　　（4）K, 7, 9, 5;

（5）J, 6, Q, 5;　　　　　（6）Q, 10, Q, 1.

解　（1）$2 \times (3+4+5) = 24$;

（2）$3 \times (10 \div 5 \times 4) = 24$;

（3）$(1+10) \times 3 - 9 = 24$;

（4）$(13-7) \times (9-5) = 24$;

（5）$(11-5) + (6+12) = 24$;

（6）$12 \times (12-10) \times 1 = 24$.

说明：上面各题的解法不一定是唯一的，如依据 $4 \times 6 = 24$，也可得第（2）组为

$$4 \times (10 \times 3 \div 5) = 24.$$

要想比赛获胜，必须有一些技巧。那就是，要非常清楚 24 可以由怎样的 2 个数求得，如 $2 \times 12 = 24$，$4 \times 6 = 24$，$3 \times 8 = 24$，$18 + 6 = 24$，$30 - 6 = 24$，……，这样就可以把问题转化成怎样使用 4 个数凑出 2 个数的问题。其中有一点值得大家注意，就是 4 个数的顺序可以依据需要任意安排。

例 2 在"24 点"游戏中，抽出了下面 4 组牌，你能算出 24 吗？

（1）3，3，7，7；（2）1，5，5，5；

（3）4，4，7，7；（2）3，3，8，8.

分析 你试几次后会发现，这几个题求解并不容易。如 3，3，7，7，很容易得出 $3 \times 7 + 3 = 24$，但这时只用到 3，3，7，还有一个 7 没用到。于是，我们可以换一种思路：对等式 $3 \times 7 + 3 = 24$ 左边进行恒等变形，从 3×7 和 3 这两项提取"公因子 7"得到

$$3 \times 7 + 3 = 24 \Rightarrow 7 \times \left(3 + \frac{3}{7}\right) = 24.$$

这就在保持 24 不变的前提下让左边算式中多出一个 7，得到了由 3，3，7，7 算 24 的合法算式。

对 1，5，5，5 和 4，4，7，7 可以做类似操作。

$$5 \times 5 - 1 = 24 \Rightarrow 5 \times \left(5 - \frac{1}{5}\right) = 24,$$

$$4 \times 7 - 4 = 24 \Rightarrow 7 \times \left(4 - \frac{4}{7}\right) = 24.$$

对 3，3，8，8 的操作稍有不同。两个数 3，8 相乘已得 24，剩下两个数 3，8 怎么处理？但如果将用过的 3 再用一次，由 3，3，8 可以得到 $3 \times 3 - 8 = 1$，于是有

$$\frac{3 \times 8}{3 \times 3 - 8} = 24,$$

其中 3 被多用了一次。将分子分母同除以 3 就可减少一个 3，得到符合要求

的算式：

$$\frac{3 \times 8}{3 \times 3 - 8} = 24 \Rightarrow \frac{8}{3 - \frac{8}{3}} = 24.$$

解 （1）$7 \times (3 + 3 \div 7) = 24$；

（2）$5 \times (5 - 1 \div 5) = 24$；

（3）$7 \times (4 - 4 \div 7) = 24$；

（4）$8 \div (3 - 8 \div 3) = 24$．

我们看到，"24点"游戏虽然所用的数学知识只是简单的算术，但要算得又快又正确也不容易，并且不时有难题出现．

例3 抽出的 4 张牌恰好是 1～9 中从大到小连续排列的 4 张，这样的牌能算出 24 吗？

解 符合要求的组合有六组，即

9，8，7，6；　　8，7，6，5；　　7，6，5，4；

6，5，4，3；　　5，4，3，2；　　4，3，2，1.

（1）依据 $4 \times 6 = 24$ 得，　$8 \div (9 - 7) \times 6 = 24$；

（2）依据 $2 \times 12 = 24$ 得，　$(8 - 6) \times (7 + 5) = 24$；

（3）依据 $2 \times 12 = 24$ 得，　$(6 - 4) \times (7 + 5) = 24$；

（4）依据 $4 \times 6 = 24$ 得，　$(5 - 4 + 3) \times 6 = 24$；

（5）依据 $2 \times 12 = 24$ 得，　$2 \times (3 + 4 + 5) = 24$；

（6）依据 $4 \times 6 = 24$ 得，　$1 \times 2 \times 3 \times 4 = 24$．

这个例子告诉我们，不论从大到小还是从小到大，取 1～9 中任意连续 4 个数均可算出 24.

读者可能会问，是否任意 4 个数字都可通过添加"+、-、×、÷"四则运算符号（可加括号），算出 24 呢？不一定．经过计算机准确计算，一副扑克牌（52 张），任意抽取 4 张可有 1820 种不同组合，其中有 458 个牌组算不出 24. 如 4 个 1，4 个 2，由于数太小，无法算出 24；而 4 个 7，4 个 8，4 个 9，由于数太大，也无法算出 24. 若扩大运算范围，增加乘方、开方、阶乘等运算，有些也可以算出来. 如 4 个 1 和 4 个 2，我们分别可以这样算：

$$(1+1+1+1)! = 24 , \quad (2+2)!+2-2 = 24 .$$

从网上我们还看到，网友给出的任意四个数 a，b，c，d 算出 24 的公式为

$$[(a')!+(b')!+(c')!+(d')!]! = 24 ,$$

这里利用了 $a'=0$ ，$0!=1$ 。

1.4　常见扑克牌数学游戏介绍

扑克牌已有几百年的变迁史．小小的扑克牌，一种简单的游戏，却蕴藏着无尽的智慧．通过小学生玩扑克牌，可以渗透分类集合思想，提高他们的数学运算能力，锻炼他们的大脑，提升他们的智力，对学生学习数学有很好的帮助．

以下是适合小学低年级学生的几个游戏．

1.4.1　比大小

每 2 人一组，每组一副扑克牌，去掉大小王，还剩 52 张，轮流揭牌，揭完为止．每一局游戏中，每位同学出牌前不许看牌，同时出一张牌，比大小，大吃小，即点数大者获得这 2 张牌，最后谁手中牌最多谁就赢．

1.4.2　接龙游戏

每 2～4 人一组，每组一副扑克牌，去掉大小王，还剩 52 张，轮流揭牌，揭完为止．红桃 A 先出，接着轮流单张出牌，出牌者必须分别按四种不同花色，依照牌上的数字，从 A 开始由小往大依次接起来，若手中没有和前面牌数字接上的牌，则后一个人接着出牌．先出完牌者赢，最后出完牌者输．

1.4.3　抢 10 游戏

每 4 人一组，每组一副扑克牌，去掉大小王和 J，K，Q，还剩 40 张，

轮流揭牌，揭完为止．出牌前不许看牌，轮流单张出牌，发现前面所出牌点数之和为 10，20，30 等 10 的倍数时，最后出牌者赢得这些牌．逐个淘汰无牌者，最后把 40 张牌抢到手者赢．

思考　以上游戏在小学数学教学中有什么作用？你还知道哪些可用于数学学习的扑克牌游戏？请互相交流．

1.5　扑克牌魔术时间

魔术，又称幻术，俗称"变戏法"．凡是呈现于视觉上不可思议的事，都可称之为魔术．许多魔术是用"障眼法"，即魔术师运用特制的道具、一些观众看不到的小秘密来迷惑观众，制造出种种让人不可思议、变幻莫测的假象，从而达到以假乱真的艺术效果．还有一类魔术，它不需要任何手法，不需要太多玄幻的道具，也能表现出神奇的效果，它依据的往往是数学原理．

无论什么魔术，扑克牌总是一个重要的道具，它的数理性更是为以它为道具的数学魔术增添了不少素材．下面我们介绍几个与数学有关的扑克牌魔术，希望你也能尽快变成小小魔术师．

1.5.1　魔术 1：预言牌

一幅牌，洗过之后（谁洗都行），魔术师装作手放到牌上去做"感应"，然后在纸上写下了一个牌点（比如红桃 7）．

接下来，他要求观众在 10～19 中间说一个数，比如 15．然后，他数出前 15 张牌．接下来，让观众把他所说的两位数的两个数字相加，$1+5=6$．请观众从前面 15 张牌中由后往前数出第 6 张牌．

魔术师把自己事先写好的纸片翻开，观众手里拿的那张牌，恰好就是他纸上写的"红桃 7"．

其实这个魔术背后的原理很简单．假设观众选的数字是$10+a$，$0 \leqslant a \leqslant 9$，把此数个位数字和十位数字相加得$1+a$，从$10+a$张牌中由后往前数到这一张时，恰是整幅牌的第$10+a-(1+a)+1$张，即第10张．因此不管观众选的是十几，当他把这两个数字相加，并从后往前数到这一张时，必定是整幅牌的第10张，魔术师只需要偷偷地看下第10张牌的数字，并抄下来就行．

1.5.2 魔术2：猜扑克牌（1）

共有27张扑克牌，观众任选定一张，不要告诉魔术师．魔术师把27张牌按1，2，3，1，2，3，……的顺序分成三行（列），每行（列）9张牌，然后让观众指出他挑选的牌在哪一行（列）．

接下来，魔术师先把观众挑选的这一行（列）牌按顺序收起来，然后再依次收另外两行（列）．全部收好后，魔术师再次把这27张牌按1，2，3，1，2，3，……的顺序分成三行（列），每行（列）9张牌，然后让观众指出他挑选的牌在哪一行（列）．

这样重复三次，魔术师收好牌后，把最上面的那张交给观众，真是太神奇了，这张恰好就是观众前面选定的那张牌！

你能看出这个魔术的秘密在哪里吗？

其实道理很简单，既然把牌收起并重排是按一定规则，奥秘必在此"一收一排"之中．第一次收牌之后，那张秘密牌处于前9张牌中，而当你把它们又平均分成三行（列）之后，这9张牌也被分到三个不同的行（列）中，并且都在各自的行（列）中名列前三．当你再次收牌时，那张秘密牌就处于所有牌的前三名了．接下来，这三张再次被平均分成三行（列），并且都是"排头兵"．观众再次选择时，这张牌终于跑到了第一的位置上．

为什么观众选择三次就能确定一张牌呢？这与进位制有关，这里是三进制．

我们知道，数字有着各种各样的计数法。12 是阿拉伯数字的计数法，而 XⅡ是罗马数字的计数法。无论采用哪种计数法，其所表达的含义并无二致。

阿拉伯数字的计数法中，我们平时使用的是十进制计数法，它是按照位值原则来计数的。使用的数字有 0，1，2，3，4，5，6，7，8，9 共 10 种，数的位置不同则意义也不同，从右往左分别表示个位、十位、百位、千位……。

如 2635 是由 2、6、3、5 这 4 个数字组成的，2 表示"1000 的个数"，6 表示"100 的个数"，3 表示"10 的个数"，5 表示"1 的个数"，即 2635 这个数是 2 个 1000、6 个 100、3 个 10 和 5 个 1 累加的结果。用式子表示就是

$$2635 = 2 \times 10^3 + 6 \times 10^2 + 3 \times 10^1 + 5 \times 10^0.$$

除了十进制以外，按照位值原则来计数的计数法还有很多，如二进制、三进制、八进制和十六进制计数法等，其本质都是一样的。

三进制使用的数字有 0，1，2 共 3 种。如 102_3，和十进制计数法一样，数的位置不同则意义也不同，从左往右依次为：1 表示"3^2 的个数"，0 表示"3^1 的个数"，2 表示"1 的个数"，即

$$102_3 = 1 \times 3^2 + 0 \times 3^1 + 2 \times 3^0.$$

为什么 27 张牌发牌三次就能找出来？让我们把扑克牌从 0 到 26 编号按序排好并观察。

第一次发牌

0	1	2	3	4	5	6	7	8
9	10	11	12	13	14	15※	16	17
18	19	20	21	22	23	24	25	26

第二次发牌

9	12	15※	0	3	6	18	21	24
10	13	16	1	4	7	19	22	25
11	14	17	2	5	8	20	23	26

第三次发牌

9	0	18	10	1	19	11	2	20
12	3	21	13	4	22	14	5	23
15※	6	24	16	7	25	17	8	26

下面我们将 0~26 这 27 个数化成三进制.

第一次发牌

000	001	002	010	011	012	020	021	022
（0）	（1）	（2）	（3）	（4）	（5）	（6）	（7）	（8）
100	101	102	110	111	112	120	121	122
（9）	（10）	（11）	（12）	（13）	（14）	（15）	（16）	（17）
200	201	202	210	211	212	220	221	222
（18）	（19）	（20）	（21）	（22）	（23）	（24）	（25）	（26）

观察三位数的第一位（左起），第一行的全是 0，第二行全是 1，第三行全是 2，魔术师第一次提问就相当于问三位数的第一位是几.

第二次发牌

100	110	120	000	010	020	200	210	220
（9）	（12）	（15）	（0）	（3）	（6）	（18）	（21）	（24）
101	111	121	001	011	021	201	211	221
（10）	（13）	（16）	（1）	（4）	（7）	（19）	（22）	（25）
102	112	122	002	012	022	202	212	222
（11）	（14）	（17）	（2）	（5）	（8）	（20）	（23）	（26）

注意观察三位数的第三位（最右边）的规律，魔术师第二次提问就相当于问三位数的第三位是多少.

第三次发牌

100	000	200	101	001	201	102	002	202
（9）	（0）	（18）	（10）	（1）	（19）	（11）	（2）	（20）
110	010	210	111	011	211	112	012	212
（12）	（3）	（21）	（13）	（4）	（22）	（14）	（5）	（23）
120	020	220	121	021	221	122	022	222
（15）	（6）	（24）	（16）	（7）	（25）	（17）	（8）	（26）

注意观察三位数的第二位的规律，魔术师第三次提问就相当于问三位

数的第二位是多少. 经三次提问, 这个三位数就明确了, 牌也就找出来了.

利用三进制, 还可以让这个魔术变得更复杂神奇一些, 魔术师可以让观众选定的牌出现在任意指定的位置. 看下面的魔术.

1.5.3 魔术 3: 猜扑克牌 (2)

共有 27 张扑克牌, 观众任选定一张, 不要告诉魔术师. 同时观众在 1 至 27 的范围内挑选一个自己喜欢的数字, 并告诉魔术师, 如 5.

魔术师把 27 张牌按任意方式洗牌后, 按下面的方法, 即 1, 2, 3, 1, 2, 3, ⋯⋯的顺序分成三列 (或三摞), 每列 (摞) 9 张牌, 然后让观众指出他选定的牌在哪一列 (摞).

a_1	a_2	a_3
a_4	a_5	a_6
a_7	a_8	a_9
⋮	⋮	⋮

接下来, 魔术师将这三列 (摞) 牌按一定顺序收起来. 全部收好后, 魔术师再次把这 27 张牌按 1, 2, 3, 1, 2, 3, ⋯⋯的顺序分成三列 (摞), 每列 (摞) 9 张牌, 然后让观众第二次指出他挑选的牌在哪一列 (摞).

这样重复三次, 魔术师按一定顺序收好牌后, 从最上面往下数, 数到第 5 张, 把这张展示给观众. 这张恰好就是观众选定的那张牌!

【魔术揭秘】

这个魔术的秘密仍然存在于收牌发牌之中. 观众喜欢数字 5, 如何让观众所选定的牌出现在第 5 个位置上呢? 发牌的方式是确定的, 按什么顺序将三列 (摞) 牌收起来是关键. 收牌顺序可以按以下办法操作:

首先, 将 5 减去 1 得到 4, 将 4 化为三进制数, 即

$$4_{10} = 011_3.$$

三进制数只涉及 0, 1, 2 三个数字, "0" 代表将观众所选一列 (摞) 牌放最上面 (即下次先发的位置), "1" 代表将观众所选一列 (摞) 牌放中间, "2" 代表将观众所选一列 (摞) 牌放最下面.

对 011_3，从右往左看：

第一位（最右边）是 1，故第一次收牌时将观众所选一列（摞）牌放中间；

第二位是 1，故第二次收牌时将观众所选一列（摞）牌仍放中间；

第三位（最左边）是 0，故第三次收牌时将观众所选一列（摞）牌放最上面．

这样三次发牌三次收牌后，观众选定的那张牌就会出现在第 5 个位置上．这个魔术你学会了吗？

1.5.4　魔术 4：谁是托儿

在这个魔术中，主持人将请上三位观众，其中一位观众是托儿．不过，和别的魔术不同，这个托儿非常低调，他没有任何多余的举动，在游戏规则内就把消息偷偷传递了出去．你能看出这个魔术背后的原理吗？

魔术表演的第一步是把魔术师五花大绑，眼睛套上黑布，放进麻袋里．然后，主持人请第一位观众上台，从一副扑克牌里找 16 张牌，把它们摆成一个 4×4 的扑克方阵，哪些牌正面朝上哪些牌背面朝上由观众自己决定．

摆好后，主持人说："为了增加表演的难度，我们把 4×4 的扑克牌方阵增加到 5×5，一共 25 张牌，魔术师没有意见吧？"麻袋里的魔术师表示没有意见．于是，主持人请上了第二位观众．

第二位观众按照要求对桌子上的扑克牌方阵进行了扩充．如图 1.1 所示．

 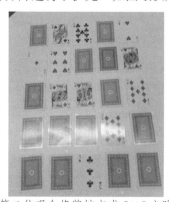

第一位观众将牌摆成 4×4 方阵　　　　第二位观众将牌扩充成 5×5 方阵

图 1.1

主持人说："下面呢，我们再请第三位观众上台. 你在这 25 张牌里，随意挑选一张扑克牌，把它翻过来. 翻的时候一定要小心，不要留下痕迹，别让魔术师一眼看出来."

第三位观众稍微考虑了一下，把那张原来背面朝上的方片 5 翻了过来. 如图 1.2 所示.

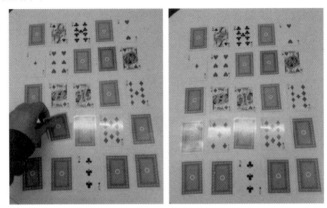

第三位观众将原来背面朝上的方片 5 翻过来

图 1.2

"好的，下面就请魔术师开始他的表演"，主持人说. 魔术师从袋子里钻出来，走到这堆扑克牌面前，果断地指出了被第三位观众动过的牌，众人惊讶不已.

你能看出哪个观众是托儿吗？

【魔术揭秘】

这个魔术的关键就是第二位观众，他就是那个"托儿"，另外两位观众都是不明真相的群众. 在第一位观众放完扑克牌以后，魔术师的托儿登场. 表面上，托儿是在随意地扩展方阵，实际上他放的一圈牌大有讲究. 他需要保证，在最后的 25 张牌里，每一行、每一列正面朝上的扑克牌都是奇数张.

这是总能办到的. 首先，在 4×4 方阵的每一行末尾添加一张牌，使得这几行里都各有奇数张正面朝上的牌. 其次，在所得的 4×5 矩阵每一列的末尾添加一张牌，使得每一列都有奇数张正面朝上的牌. 此时，这个 5×5 方阵的每一列和前四行都有奇数张正面朝上的牌了. 由于每一列正面朝上的牌都有奇数张，因此正面朝上的总牌数也是个奇数；同时前四行里正面朝上的牌都是奇数张，从而可以推出第五行也有奇数张正面朝上的牌了.

等到第三位观众翻完牌，魔术师上场后，他需要做的就是数一数，看哪一行和哪一列正面朝上的扑克牌张数不是奇数. 在上面的例子中，魔术师发现，第四行和第二列中正面朝上的牌不是奇数张，位于它们的交界点处的就一定是那张破坏阵形的牌了.

0	1	1	0	1
1	1	0	0	1
0	1	1	0	1
0	1	0	1	0
0	0	1	0	0

若用 1 表示正面朝上的牌，用 0 表示背面朝上的牌，魔术就可以用上面这个 0-1 方阵来表示.

【拓展学习】
奇偶校验法

其实这一招并不是魔术师发明的，这是信息学中传输数据使用的奇偶校验法. 不妨让我们用数字 1 表示正面向上的扑克牌，用数字 0 表示背面朝上的扑克牌. 在电子通信上，这些 1 和 0 就可以用来传递声音、文字、图片、视频等各种内容，不过数据的传递过程中很可能会出差错，发生某一个数字刚好弄反了的情况（相当于第三位观众的操作）. 如果给原始信息（第一位观众的扑克牌阵）加上了校验码（第二位观众的做法），接受这些数字信号的一方（相当于魔术师）不但能知道数据有没有传错，还能把传错的地方自己纠正过来.

不过，如果有不止一个数字被传错，这种自纠错方案就无能为力了. 好在，数学家们还发明了一些更强大的自纠错校验编码，可以用于通讯信号更恶劣的场合中.

【注】本文及魔术 4 选自：科学人/果壳网/数学魔术：托儿也能如此低调. https://www.guokr.com/article/16511/.

1.5.5　魔术 5：巧排顺序

将 A～K 共 13 张牌（表面上看顺序已乱，实际上已按一定顺序排好），牌面朝下拿着，魔术师将其中第 1 张牌放到第 13 张牌后面，取出第 2 张；再将手中的牌的第 1 张放到最后，取出第 2 张，（几次取出的牌按顺序放好），如此反复进行，直到手中的牌全部取出为止．最后向观众展示取出的牌的顺序刚好是 A，2，3，…，10，J，Q，K.

你知道魔术师开始的时候手里牌的顺序是怎样的？你也试试看！

【魔术揭秘】

扑克牌最初的顺序为：7，A，Q，2，8，3，J，4，9，5，K，6，10. 这是怎么排出的呢？这是"逆向思维"的结果，将按顺序 A，2，3，4，5，6，7，8，9，10，J，Q，K 排好的扑克牌按开始的操作过程反向操作一遍即可.

第 2 章
与进位制有关的几个游戏

在第 1 章，我们看到有的扑克牌魔术利用进位制的原理，产生了神奇的效果．其实有许多常见的数学游戏都与进位制有关．

2.1 盘子装箱问题

数学游戏中的一个常见问题是盘子装箱问题．问题提法是这样的：现有 1023 只盘子，需要把这些盘子装在箱子里运走．为了便于中途出售，在箱数最少的情况下，每个箱子内应该分别放入多少只盘子，才能使得中途碰到的客户无论要买多少只盘子，都可以整箱整箱地付给，而不必拆开箱子的包装．

分析与解 盘子数给定，要求箱数最少．显然，总要有装 1 只盘子的箱子．有了 1 只盘子的一箱，就没必要有再装 1 只盘子的箱子，接下来需有装 2 只盘子的一箱．由于 $1+2=3$，没必要有再装 3 只盘子的箱子，于是要有装 4 只盘子的箱子，有了分别装 1，2，4 只盘子的箱子，就可付给买 1 至 7 只盘子的买主．因此又要有装 8 只盘子的一箱．经过归纳发现，各箱的盘子数构成的数列的任一项应等于前面所有项之和再加 1，故盘子的装法应该是：

各箱的盘子数分别是

$$2^0(1), 2^1, 2^2, 2^3, \cdots, 2^k, \cdots$$

这个数列的特点是第 $k+1$ 项 2^k 等于前 k 项之和加 1，即

$$1+2^1+2^2+2^3+\cdots+2^{k-1}=2^k-1.$$

由于 $1023 = 2^{10} - 1$，1023 只盘子应该装十箱，分别装 $1, 2, 2^2, 2^3, 2^4, 2^5, 2^6, 2^7, 2^8, 2^9$ 只盘子.

这个问题其实与二进制有关.

我们若用二进制数来看各箱的盘子数构成的数列，乃是 $1_2, 10_2, 100_2, 1000_2, \cdots$. 这个数列正巧具备问题所要求的性质：前 k 项之和加 1 等于第 $k+1$ 项，第 1 项是 1.

$$1_2 + 10_2 + 100_2 + \cdots + \overbrace{10\cdots0_2}^{k\text{位}} + 1 = \overbrace{11\cdots1_2}^{k\text{位}} + 1 = \overbrace{10\cdots0_2}^{k+1\text{位}} = 2^k.$$

容易看出，利用 $1_2, 10_2, 100_2, \cdots, \overbrace{10\cdots0_2}^{k\text{位}}$ 中之若干个相加，可取 1 到 $\overbrace{11\cdots1_2}^{k\text{位}}$ 之间的一切数，即 1 到 $2^k - 1$ 之间的一切自然数.

把盘子数写成二进制数，是多少位数就应装多少个箱子. 比如有 1000 只盘子，由于 $1000 = 1111101000_2$ 是十位数，就把 1000 个盘子装成十箱. 各箱的盘子数分别是

$1_2 = 1$，$10_2 = 2$，$100_2 = 4$，$1000_2 = 8$，$10000_2 = 2^4 = 16$，$100000_2 = 2^5 = 32$，$1000000_2 = 2^6 = 64$，$10000000_2 = 2^7 = 128$，$100000000_2 = 2^8 = 256$，$1111101000_2 - 111111111_2 = 489$.

前九箱可以付给 1 至 $2^9 - 1 = 511$ 中任一自然数只盘子，加上装 489 只盘子的第十箱就可以付给 1 至 1000 中任一自然数只盘子.

满足要求的 n 个箱子，最多能装 $2^n - 1$ 只盘子，$2^n - 1$ 是 n 位二进制的最大数 $\overbrace{11\cdots1_2}^{n\text{位}}$.

2.2 砝码问题

和盘子装箱问题类似的一个问题是砝码问题.

一位商人有一个重 40 磅[①]的砝码，一天不小心将砝码摔成了四块. 后来商人称得每块的重量都是整数磅，更巧的是用这四块碎片当砝码，可以

---

① 1 磅=0.453 592 4 千克。

在天平上称 1 至 40 磅之间的任意整数磅的重物，请问这四块碎片各重多少？

这是法国数学家 G. B. 德·梅齐里亚克（1581—1638）在他著名的《数字组合游戏》（1624 年）中提出的一个问题，史称德梅齐里亚克砝码问题．此问题也可一般地叙述为：

若有 n 个整数磅的砝码，问这些砝码设计成怎样的重量[①]时，用它们可以称重量为 1 至尽可能大的整数磅的重物？

分析 拿这四块做砝码，可以称重量为 1，2，3，…，40 磅的重物．假定只许把砝码放在天平一端的秤盘里，这和盘子装箱问题是相似的，至少需要 6 个砝码，重量分别为 1，2，4，8，16，32 磅．更一般的情况是，在天平上称，砝码既可以放在空盘一边，也可以放在重物一边．显然这里应该是后一种情况，这就使得这一问题和盘子装箱问题有了区别．

如果是一个砝码，要称出 1 至 n 磅的整数磅的重物，显然这个砝码只能是 1 磅，也只能称 $n=1$ 磅的重物；如果再有一个砝码，这个砝码应该是 3 磅，因为称 2 磅的重物时，可以把 1 磅的砝码放在重物一边，3 磅的砝码放在另一边，可见用 1 磅和 3 磅的两个砝码，就可以称出 1，2，3，4 磅的重物；如果用三个砝码，这第三个砝码应该设计成多重呢？假设重物是 5 磅，这时就需要第三个砝码了，把前两只砝码加在重物或空盘一边就会出现 $5+1$，$5+2$，$5+3$，$5+4$．如果第三只砝码设计为 9 磅 $[9 = 2 \times (1+3)+1]$，用重量为 1，3，9 磅的三个砝码，就可以称出 1 至 13 磅间的所有整数磅重物．其称法是：

$1 = (1)$ ；

$3 = (3)$ ；

$5+(1)+(3) = (9)$ ；

$7+(3) = (9)+(1)$ ；

$9 = (9)$ ；

$11+(1) = (9)+(3)$ ；

$13 = (9)+(1)+(3)$ ．

$2+(1) = (3)$ ；

$4 = (1)+(3)$ ；

$6+(3) = 9$ ；

$8+(1) = (9)$ ；

$10 = (9)+(1)$ ；

$12 = (9)+(3)$ ；

上述等式表示称的方法．不加括号的数字表示所称重物的重量，加括

---

① 这里的"重量"实际指"质量"．

号的数字表示放该重量的砝码. 等号左边指天平左边盘子所放，等号右边指天平右边盘子所放. 归纳这种方法，如果用四个砝码，这第四个砝码的重量应该是 $2\cdot(1+3+9)+1=27$ 磅. 用重量分别为 1，3，9，27 磅的砝码，可以称出 1 至 40 磅间的所有整数磅重物. 回到前面所提问题，该商人的四个碎片分别重为 1，3，9，27 磅.

我们不难验证其正确性. 如 15，21，40 磅的重物称法分别是：

$$15+(3)+(9)=(27)；$$

$$21+(9)=(27)+(3)；$$

$$40=(1)+(3)+(9)+(27).$$

再看这四个整数，正巧是 $3^0,3^1,3^2,3^3$，可以推测，若用 $3^0,3^1,3^2,\cdots,3^{n-1}$ 磅重的 n 个砝码可以称出重为 1 至 $3^0+3^1+3^2+\cdots+3^{n-1}=\dfrac{1}{2}(3^n-1)$ 之间所有整数磅重物. 这串数也满足条件

$$2\cdot(3^0+3^1+3^2+\cdots+3^k)+1=3^{k+1}.$$

现在用数学归纳法证明上述结论的正确性.

假设用 $3^0,3^1,3^2,\cdots,3^{k-1}$ 磅重的 k 个砝码可以称出重为 1 至 $\dfrac{1}{2}(3^k-1)$ 之间所有整数磅重物. 现在加上重为 3^k 磅的砝码，欲证它们可称 1 至 $\dfrac{1}{2}(3^{k+1}-1)$ 之间所有整数磅重物.

设重物重为 $\dfrac{1}{2}(3^k-1)+m$ 磅，m 是整数，且

$$1\leqslant m\leqslant \frac{1}{2}(3^{k+1}-1)-\frac{1}{2}(3^k-1)=3^k.$$

当 $\dfrac{1}{2}(3^k-1)+m>3^k$，即 $m>\dfrac{1}{2}(3^k+1)$ 时，把重为 3^k 磅的砝码放在空盘上，再从前 k 个砝码中选出能称 $\dfrac{1}{2}(3^k-1)+m-3^k$ 磅的砝码.

因为

$$0<\frac{1}{2}(3^k-1)+m-3^k=m-\frac{1}{2}(3^k+1)\leqslant 3^k-\frac{1}{2}(3^k+1)=\frac{1}{2}(3^k-1)，$$

根据归纳假设这是能办得到的，于是可称重为 $\dfrac{1}{2}(3^k-1)+m$ 磅的重物.

当 $\frac{1}{2}(3^k-1)+m<3^k$，即 $m<\frac{1}{2}(3^k+1)$ 时，把重为 3^k 磅的砝码放在空盘上，再从前 k 个砝码中选出能称 $3^k-\frac{1}{2}(3^k-1)-m$ 磅的砝码．

因为

$$0<3^k-\frac{1}{2}(3^k-1)-m=\frac{1}{2}(3^k+1)-m\leqslant\frac{1}{2}(3^k+1)-1=\frac{1}{2}(3^k-1)，$$

根据归纳假设这也是可能的，于是可称重为 $\frac{1}{2}(3^k-1)+m$ 磅的重物．

（前者选出的砝码总效果是放在空盘一边，后者选出的砝码总效果是放在重物一边．这里的总效果指涉及的几个砝码的综合效果，比如要选出能称 2 磅重物的砝码，可取出 1 磅和 3 磅的砝码，这两个砝码放在天平两端，相当于 3 磅那边放 2 磅砝码，另一边不放砝码，它的总效果就是 2 磅砝码．）

当 $\frac{1}{2}(3^k-1)+m=3^k$ 时，就用 3^k 磅的砝码可称重为 $\frac{1}{2}(3^k-1)+m$ 的重物．

故对任意正整数 n，用 $3^0,3^1,3^2,\cdots,3^{n-1}$ 磅重的 n 个砝码可以称出重为 1 至 $\frac{1}{2}(3^n-1)$ 之间所有整数磅重物．

现在用三进制数来看这一组数

$$1=1_3,3=10_3,3^2=100_3,3^3=1000_3，\cdots$$

这串数的前 n 个之和为

$$1_3+10_3+100_3+\cdots+\overset{n位}{\overbrace{10\cdots0}}_3=\overset{n位}{\overbrace{11\cdots1}}_3，$$

由 1 到 $\overset{n位}{\overbrace{11\cdots1}}_3=1+3+3^2+\cdots+3^{n-1}=\frac{1}{2}(3^n-1)$ 之间的正整数，都可用这串数 $1_3,10_3,100_3,\cdots,\overset{n位}{\overbrace{10\cdots0}}_3$ 通过加减组成．比如 201_3（即19）$=1000_3-100_3+1_3$（即 $27-9+1$）．这相当于用重为 $1_3,10_3,100_3,\cdots,\overset{n位}{\overbrace{10\cdots0}}_3$ 磅的砝码，可称出重量从 1 至 $\frac{1}{2}(3^n-1)$ 之间所有整数磅重物．

这串数也满足条件：

$$2\times(1_3+10_3+\cdots+\overbrace{10\cdots0_3}^{k\text{位}})+1=\overbrace{22\cdots2_3}^{k\text{位}}+1=\overbrace{100\cdots0_3}^{k+1\text{位}},$$

可见，用三进制来分析解决这一问题，更直观些.

2.3 神猜妙算

以下三个游戏与十进制有关.

2.3.1 猜出对方心里想的数

某人任意写出一个三位数，其第 1 位数码不要和第 3 位数码一样；颠倒这 3 个数码的次序而构成另一个数；再把此数与原来的数相减取绝对值，问他得数的末一位是几，那么你就可以指出他原来想（写）的数是多少.

如 578，把这三位数的数字位置颠倒后得到一个新的三位数（三位数的首位数字不为 0）875，再把两数相减取绝对值，得到 $|578-875|$，计算结果为 297.

分析　若所想的三位数是 $100a+10b+c$，则位置颠倒后的三位数为 $100c+10b+a$；两数相减取绝对值为 $99|a-c|$，所以结果都是 99 的倍数. 而 $|a-c|$ 不大于 9，所以差只能是 $1\times99=99$，$2\times99=198$，$3\times99=297$，$4\times99=396$，$5\times99=495$，$6\times99=594$，$7\times99=693$，$8\times99=792$，$9\times99=891$. 若将 99 看作 099，这样任何一种情况下，中间的数码都是 9，并且前一个数码总是等于 9 减去末一位数码，整个差值就定了.

2.3.2 猜年龄与出生月份

用 2 乘以你的出生月份数，加上 5，再将结果乘以 50，再加上你的年龄数，最后减去 365. 把你的最后结果告诉我，我就能知道你今年几岁，在哪月出生的.

这隐含什么道理，你明白吗？想想看.

分析 （出生月份数×2+5）×50+年龄数-365＝出生月份数×100+年龄数-115.

因为月份 1～12 都是一位数或两位数，而年龄一般也是一位数或两位数（超过 100 岁的人较少），所以根据等号右边的式子，只要把最后的结果加上 115，所得的和的后两位数是年龄数，前两位数就是出生的月份数！

2.3.3　猜生日

把你的生日的月份乘以 4，加上 12，再将结果乘以 25，再加上生日的日期，最后减去 365. 把你的结果告诉我，我就知道你出生于几月几日.

想想其中的奥妙.

你能设计出新的猜年龄和生日的游戏吗？试试看.

第 3 章
美的密码

3.1 黄金分割

欧洲中世纪的物理学家和天文学家开普勒（Johannes Kepler，1571—1630）曾经说过："几何学里有两个宝库：一个是毕达哥拉斯定理，另外一个就是黄金分割．前面那个可以比作金矿，而后面那一个可以比作珍贵的钻石矿．"

3.1.1 什么是黄金分割

所谓黄金分割，就是一种数学比例关系：点 C 把线段 AB 分成两条线段 AC 和 BC，如果

$$AC：AB=CB：AC，$$

那么称线段 AB 被点 C 黄金分割（Golden Section），点 C 叫作线段 AB 的黄金分割点，AC 与 AB 的比叫作黄金比（如图 3.1 所示）．

图 3.1

这个比值实质上是把一个单位长为 1 的线段分成两段，使大段为小段与全段的等比中项．

设大段 $AC=x$，则小段 $BC=1-x$，于是有

$$\frac{x}{1}=\frac{1-x}{x}，$$

解得

$$x = \frac{-1 \pm \sqrt{5}}{2},$$

舍去负值，得

$$x = \frac{-1 + \sqrt{5}}{2} \approx 0.618.$$

即若点 C 为线段 AB 的黄金分割点，则黄金分割比

$$\frac{AC}{AB} = \frac{CB}{AC} = \frac{-1 + \sqrt{5}}{2} \approx 0.618.$$

离奇的是，x 的倒数

$$\frac{1}{x} = \frac{2}{\sqrt{5} - 1} = \frac{2(\sqrt{5} + 1)}{(\sqrt{5} - 1)(\sqrt{5} + 1)} = \frac{\sqrt{5} + 1}{2} \approx 1.618.$$

3.1.2 黄金分割的历史

最早对黄金分割做较系统研究的是古希腊毕达哥拉斯学派的数学家欧多克索斯（Eudoxus，约公元前 400—347），他曾研究过大量的比例问题，并建立起比例理论. 公元前 300 年左右欧几里得（Euclid，公元前 330—275）吸收了欧多克索斯的研究成果，进一步系统论述了黄金分割，他的《几何原本》成为最早的有关黄金分割的论著. 后来，该比例数 0.618 被中世纪意大利艺术家列奥尔多·达·芬奇誉为"黄金数"，因此按这种比例进行的分割被称为"黄金分割". 黄金分割之所以称为"黄金"分割，是比喻这一"分割"如黄金一样珍贵. 公元 1607 年，徐光启与利马窦合译《几何原本》，将这一方法传入中国.

黄金分割是天然合理的，威尼斯数学家帕乔利（Pacioli，1445—1515）称黄金比是"神圣比例"，德国著名天文学家开普勒（Johannes Kepler，1571—1630）把黄金分割称为"神圣分割".

3.1.3 黄金三角形与黄金矩形

1. 黄金三角形

顶角为 36°的等腰三角形称为黄金三角形. 有下面的结论成立：

（1）如图 3.2 所示，若△ABC 是黄金三角形，做∠B 的平分线，交线段 AC 于点 D，则△CBD 是黄金三角形，再作∠C 的平分线，交 BD 于 E，则△CDE 也是黄金三角形，……．

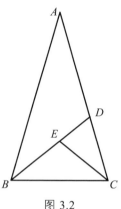

图 3.2

（2）黄金三角形的底边与腰之比为黄金比．

证明 （1）因为△ABC 是黄金三角形，故

$$AB = AC，\quad \angle A = 36°，$$

则∠ABC = ∠ACB = 72°．

由 BD 为∠B 的平分线，CE 为∠C 的平分线，易知△CBD、△CDE 均为顶角为 36°的等腰三角形．根据黄金三角形定义，得证．

（2）由（1）知，△ABC，△BCD 均是黄金三角形，则由

$$△ABC \sim △BCD，$$

得

$$BC^2 = CD \cdot AC，$$

又由∠BDC = ∠DCB = 72°，∠ABD = ∠DAB = 36°，

则

$$BC = BD = AD，$$

得

$$AD^2 = CD \cdot AC，$$

故点 D 为 AC 的黄金分割点，AD 与 AC 之比为黄金比，即 BC 与 AC 之比为黄金比．

五角星是我们所熟悉的，它是我国国旗上的基本图案．在世界各国的国旗中，大约有 $\frac{1}{4}$ 的国旗上镶嵌着五角星的图案．事实上，两千多年前古希腊的毕达哥拉斯学派就曾以五角星作为标志．毕达哥拉斯学派特别钟爱

五角星这个图案，五角星看起来那么赏心悦目，因为其中包含着神奇的比例——黄金比.

你来找找看，正五边形 *ABCDE*（图 3.3）中是否有黄金分割点和黄金三角形?

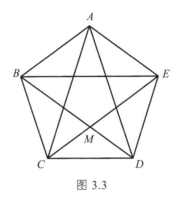

图 3.3

事实上，正五边形的对角线的五个交点，是这五条对角线的黄金分割点. 正五边形的边长与对角线的比也是黄金数. 正五边形及其对角线所构成的图形中，包含着 20 个黄金三角形.

2. 黄金矩形

长方形的宽与长的比例为 0.618 时，称该长方形为黄金长方形或黄金矩形.

对于黄金矩形 *ABCD*，以矩形 *ABCD* 的宽为边在内部作正方形 *ABFE*，那么我们可以发现 *ED*：*CD*=*AB*：*BC*，即矩形 *CDEF* 也是黄金矩形. 按上面的方式把黄金矩形 *CDEF* 继续分割，就会得到一个更小的黄金矩形，这个过程可以一直进行下去（如图 3.4 所示）.

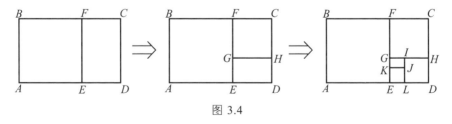

图 3.4

在图 3.4 这一系列正方形中，按图 3.5 做出每一个正方形的四分之一段圆弧，这些圆弧就组成一条"螺线"的轮廓. 如果更细致一些，我们用"光滑"的曲线连接起来，就成了一条真正的螺线. 这条螺线经过这一系列的黄金矩形的各个顶点，称为黄金螺线.

黄金螺线是对数螺线(也叫等角螺线)的一种，是自然界常见的螺线. 在自然界中，海螺、蜗牛等的外形就非常近似于对数螺线. 对数螺线的奇特之处在于，它增大时不会改变自己的形状，这在所有的螺线中是独一无二的.

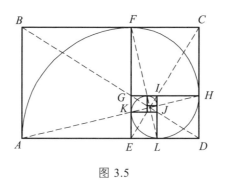

图 3.5

3.1.4　黄金分割造就了美

19 世纪的德国数学家阿道夫·蔡辛（Adolf Zeising）曾断言：宇宙万物，凡是符合黄金分割的总是最美的形体. 黄金分割是解开自然美和艺术美奥秘的关键. 黄金分割的美在我们身边随处可见.

艺术家们在设计创作其作品时，都有意识地、严格地遵循了黄金分割比率，许多名画、摄影作品的主题，大多在画面的 0.618 处；美丽的女神维纳斯的雕像的身长、躯干的比值也接近于 0.618.

著名音乐作品中高潮的出现大多与黄金分割点接近. 和谐的音乐关键在于它的频率，舞台的设计关键在于它的中心. 把二胡的千斤放在哪里，才会拉出最美妙的音乐呢，把舞台的中心放在何处，才会达到最佳的效果呢？这是艺术家们常思考的问题. 数学家们告诉我们，只要你把它放在黄金分割点，就会达到你的目的了.

在建筑设计中黄金分割也常常出现. 无论是古埃及金字塔、古希腊巴特农神庙、古埃及胡夫金字塔、印度泰姬陵、中国故宫、法国巴黎圣母院这些著名的古代建筑，还是遍布全球的众多优秀近现代建筑，尽管其风格各异，但在构图布局设计方面，都有意无意地运用了黄金分割的法则.

如图 3.6 所示，法国巴黎圣母院的正面高度和宽度的比例是 8：5，它的每一扇窗户长宽比例也是如此. 古希腊巴特农神庙是举世闻名的完美建筑，它的高和宽的比是 0.618. 如果我们在巴特农神庙周围描一个矩形，会发现，它的长是宽的大约 1.6 倍，即黄金矩形. 古埃及金字塔的高和底部边长也是黄金比例.

法国巴黎圣母院

古希腊巴特农神庙

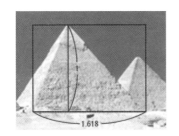

古埃及金字塔

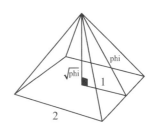

图 3.6

黄金分割还出现在自然界中.

一棵小树如果始终保持着幼时增高和长粗的比例，那么最终会因为自己的"细高个子"而倒下. 为了能在大自然的风霜雨雪中生存下来，它选择了长高和长粗的最佳比例，即"黄金比率". 在小麦或水稻的茎节上，可以看到其相邻两节之比为 0.618. 许多植物萌生的叶片、枝头或花瓣，也都是按"黄金比率"分布的. 我们从上往下看，植物叶片上下两层叶子之间相差 137.5°，这个度数有什么奥妙呢？植物学家研究发现，这个角度对叶子的采光、通风都是最佳的，因为这样从顶端往下看，不会有一片叶子被另一片叶子完全遮住. 原来圆周角为 360°，而 360°-137.5°=222.5°，137.5：222.5=222.5：360=0.618，也就是任意两相邻的叶片、枝头或花瓣都沿着这两个角度伸展. 这样一来，尽管它们不断轮生，却互不重叠，确保了光合作用.

在动物中，如马、骡、狮、虎、豹、犬等，凡看上去健美的，其身体部分长与宽的比例也大体上接近于黄金分割，如蝴蝶身长与双翅展开后的长度之比接近 0.618.

黄金分割数也出现在天体中，比如月球密度 3.4 g/cm^3，地球密度 5.5 g/cm^3，而 3.4：5.5=0.618.

黄金分割与人类息息相关.

有关资料显示，在我们人体上就有很多个"黄金分割点"，如人的肚脐是身体总长的黄金分割点；喉结是头顶至肚脐的黄金分割点；眉间点为发缘至颔下的黄金分割点；膝盖是肚脐到脚跟的黄金分割点；肘关节是手指到肩部的黄金分割点.

对于人来说，最感到舒适惬意的气温为 22 °C ~ 24 °C，它是正常体温 37 °C 的"黄金比率"（37×0.618 ≈ 23）. 在这种环境温度下，人类肌体的新陈代谢、生活节奏、生理机能处于最佳状态.

养生学家通过多年观察发现，动和静之间成 0.618 的比例关系，即日常所说"四分动六分静"，才算得上最佳的养生方法. 医学专家发现，饭吃六七成饱，几乎不会患胃病. 人若坚持六分粗粮和四分精粮搭配摄入的饮食，不容易得包括高血压和冠心病等在内的都市病. 人的脑电波图，当高低频率比为 1：0.618 时，乃是人的身心最具快乐欢愉之感的时刻.

黄金分割在工农业生产、科学实验、经济、军事等领域都有着广泛的应用. 黄金分割的美，无处不有，无处不在.

3.2 斐波那契数列

3.2.1 从兔子问题说起

我们首先来思考这样一个问题：

（1）假定刚出生的一雄一雌的一对小兔，在 1 个月之后长成大兔，在第 2 个月之后（即第 3 个月）开始，每个月它们都繁殖出一雄一雌的一对小兔.

（2）如果每一对兔子的繁殖都按上面所说的同样的方式，所有兔子都不死亡，成熟后都有连续生育能力并且必须生育.

试问：从一对刚出生的小兔子开始，一年之后（即第 13 个月）有多少对兔子呢？

分析 我们从新出生的一对小兔子开始分析. 第 1 个月、第 2 个月，显然只有一对兔子；第 3 个月，这对兔子生下一对小兔，此时共有两对兔子；第 4 个月，老兔子又生下一对，因为小兔子还没有繁殖能力，所以此时一共是三对兔子，……，依此类推，可以列出表 3.1.

表 3.1

月数	1	2	3	4	5	6	7	8	9	10	11	12	13
小兔对数	1	0	1	1	2	3	5	8	13	21	34	55	89
成兔对数	0	1	1	2	3	5	8	13	21	34	55	89	144
总体对数	1	1	2	3	5	8	13	21	34	55	89	144	233

由分析可以看出：

本月小兔对数=前月成兔对数

本月成兔对数=前月成兔对数+前月小兔对数

本月总体对数=本月成兔对数+本月小兔对数

小兔对数、成兔对数、总体对数都构成了一个数列. 这个数列有着十分明显的特点，那就是任意一项由前面相邻两项之和构成，即

$$F_n = F_{n-1} + F_{n-2}.$$

以上兔子问题是意大利中世纪数学家斐波那契在《算盘书》中提出的，该问题中涉及的数列称为斐波那契数列.

3.2.2 斐波那契及斐波那契数列

列昂纳多·斐波那契（Leonardo Fibonacci，1170—1250）是中世纪占主导地位的数学家之一，他在算术、代数和几何等方面多有贡献，对欧洲的数学发展有着深远的影响. 斐波那契生于意大利比萨的列奥纳多家族，是一位意大利商人的儿子. 他在随父经商和游历期间，到过东方和阿拉伯的许多城市. 由此斐波那契熟练地掌握了印度-阿拉伯数字的十进制系统，该系统使用位值原则计数并使用了零的符号. 那时，意大利仍然使用罗马数字进行计算. 斐波那契看到了这种美丽的

列昂纳多·斐波那契

印度-阿拉伯数字的价值，并积极地提倡使用它们. 公元 1202 年，他写了《算盘书》一书，这是一本广博的工具书，其中说明了怎样应用印度-阿拉伯数字，以及如何使用它们进行加、减、乘、除计算和解题，此外还对代数和几何做了进一步的探讨. 这本书奠定了西方世界的数学基础.《算盘书》中还提到前面那个有趣的兔子繁殖问题，作为一个智力练习.

1. 斐波那契数列

斐波那契数列（Fibonacci Sequence）指的是这样一个数列：

$$1, 1, 2, 3, 5, 8, 13, 21, \cdots\cdots,$$

这个数列从第三项开始，每一项都等于前两项之和.

在数学中，斐波那契数列以如下递归的方法定义：

$$F_1 = 1, \quad F_2 = 1, \quad F_n = F_{n-1} + F_{n-2}, \quad n > 2, \quad n \in \mathbf{N}^*.$$

斐波那契数列中的任一个数，叫斐波那契数.

斐波那契数列因斐波那契以兔子繁殖为例子而引入，故又称为"兔子数列".

2. 斐波那契数列与自然界中的"巧合"

如果此数列到此为止，也仅仅是一个普通数列而已，没什么特别的，神奇的是在自然界我们发现很多现象与斐波那契数列有关.

（1）斐波那契数经常与花瓣的数目相结合.

仔细观察下列各种花，它们的花瓣的数目具有斐波那契数：龄草、野玫瑰、南美血根草、大波斯菊、金凤花、耧斗菜、百合花、蝴蝶花、……

例如：

3 ……………………兰花、百合、蝴蝶花、鸢尾花

5 ……………………苹果、蓝花耧斗菜、金凤花、飞燕草、梅花、

桃花、李、樱花、杏、梨花

8 ……………………格桑花、翠雀花、飞燕草

13 ……………………金盏草、瓜叶菊

21 ……………………紫宛

向日葵的花瓣有的是 21 枚，有的是 34 枚；雏菊的花瓣是 34、55 或 89枚. 显然，这些都是斐波那契数.

（2）斐波那契数发现于植物的枝、叶等生长方式中.

例如，树木的生长. 由于新生的枝条往往需要一段"休息"时间，供自身生长，而后才能萌发新枝. 所以，一株树苗在一段间隔，例如一年，以后长出一条新枝；第二年新枝"休息"，老枝依旧萌发；此后，老枝与"休息"过一年的枝同时萌发，当年生的新枝则次年"休息". 一株树木各个年份的枝桠数，便构成斐波那契数列（图 3.7）. 这个规律，就是生物学上著名的鲁德维格定律.

叶子在茎上的排列形式称作叶序，叶序是植物的一项重要生理特征. 在一般人眼中，它们看似杂乱无章但实际上极有规律. 植物学家对叶序进行分类，将其划分为互生、对生和轮生三种基本分布式样. 其中互生（指每节上只生一枚叶片，交互而生或呈螺旋状着生，见图 3.8）由于螺旋线绕茎的圈数和相应的叶片数的不同，互生叶序形成了各种形式，并组成奇妙的

斐波那契数列. 例如, 在树木的枝干上选一片叶子, 从它开始数叶片, 直到与所选叶片在同一直线上的叶片为止, 数得的叶子数（所选第一片不计）多半是斐波那契数. 如白兰花叶序为3, 樱桃叶序为5, 梨叶序为8.

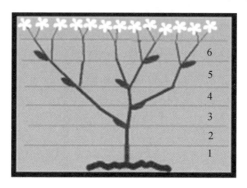

图 3.7

白兰花, 互生叶序

图 3.8

叶子从一个位置到达下一个正对的位置称为一个循回. 叶子在一个循回中旋转的圈数也是斐波那契数. 在一个循回中叶子数与叶子旋转圈数的比称为叶序比或叶序分数, 即

叶序比 = 完成的旋转圈数/每一循回的叶数.

互生叶序植物叶序比呈现为斐波那契数的比. 如白兰花的叶序分数为 $\frac{1}{3}$, 榆树的叶序分数为 $\frac{1}{2}$, 樱桃树的叶序分数为 $\frac{2}{5}$, 郁金香、小叶罗汉松

的叶序分数为 $\frac{3}{8}$，柳树的叶序分数为 $\frac{5}{13}$.

（3）在松果、菠萝、向日葵种子等的排列中，也会发现斐波那契数.

斐波那契数有时称松果数，因为连续的斐波那契数会出现在松果的左和右的两种螺旋线走向的数目之中. 如图 3.9 所示，若沿顺时针方向数螺旋线是 8 条，沿逆时针方向数螺旋线变成了 13 条，另一组常出现的数字是 5 和 8，这很是神奇. 这种情况在向日葵的种子盘中也会看到，对同一个种子盘若沿顺时针方向数螺旋线是 21 条，若沿逆时针方向数螺旋线又变成了 34 条，有时是 34 和 55 条，较大的向日葵螺旋线则为 89 和 144 条，甚至还有 144 和 233 条（图 3.10）. 这些都是斐波那契数列中相邻两项的数值. 对于菠萝，我们数一数它表面上六角形鳞片所形成的螺旋线数，也和前面情况类似.

顺时针 8 条螺旋线　　　　反向 13 条螺旋线

图 3.9

以斐波那契螺线方式排列的向日葵种子

图 3.10

斐波那契数列在自然界中的出现是如此频繁，人们深信这不是偶然的.

植物为什么如此偏爱斐波那契数呢？这应该源于植物寻找最佳生长办法的自然倾向性，是植物在自然选择作用下进化的结果.

比如花瓣为什么遵循斐波那契数？在花儿绽放前，花瓣要形成花蕾来保护内部的雌蕊和雄蕊，此时花瓣相互叠加用最佳的形状裹住雌蕊和雄蕊，这就需要斐波那契数那么多的花瓣.

叶序之所以遵循斐波那契数，是因为斐波那契数能使其保证下面叶子不受上面叶子遮挡，从而使植物叶子通风、采光获得最佳效果.

向日葵等的斐波那契螺旋排列似乎是植物排列种子的"优化方式"，它能使所有种子具有差不多的大小又疏密得当，不至于在圆心处挤了太多的种子而在圆周处又稀稀拉拉，这样可实现狭小空间内紧凑地排列更多的子.

斐波那契数列与自然界的神奇联系，吸引着无数人去探究它的性质.

3.2.3 斐波那契数列的性质

1. 斐波那契数列的通项公式

由斐波那契数列的递推关系：

$$\begin{cases} F_1 = 1 \\ F_2 = 1 \\ F_n = F_{n-1} + F_{n-2} \quad (n > 2) \end{cases} \tag{1}$$

式（1）的特征方程是

$$x^2 - x - 1 = 0,$$

而该特征方程的根为

$$x = \frac{1 \pm \sqrt{5}}{2},$$

所以 F_n 的一般表达式为

$$F_n = C_1 \left(\frac{1 + \sqrt{5}}{2} \right)^n + C_2 \left(\frac{1 - \sqrt{5}}{2} \right)^n.$$

由于 $n=1$ 时，$F_1 = 1$；$n=2$ 时，$F_2 = 1$，通过待定系数法，可以求得

$$C_1 = \frac{1}{\sqrt{5}}, C_2 = -\frac{1}{\sqrt{5}}.$$

因此，斐波那契数列的通项公式为

$$F_n = \frac{1}{\sqrt{5}} \left[\left(\frac{1+\sqrt{5}}{2} \right)^n - \left(\frac{1-\sqrt{5}}{2} \right)^n \right].$$

有趣的是，这样一个完全由自然数构成的数列，其通项公式居然是用无理数来表达的.

2. 斐波那契数列与黄金比值

斐波那契数列相邻两项比的数列：

$$\frac{1}{1}, \frac{1}{2}, \frac{2}{3}, \frac{3}{5}, \frac{5}{8}, \cdots, \frac{F_{n-1}}{F_n}, \cdots$$

当 n 趋于 ∞ 时，它的极限恰好是黄金分割比，即

$$\lim_{n \to \infty} \frac{F_{n-1}}{F_n} = \frac{\sqrt{5}-1}{2} \approx 0.618.$$

可用连分数证明如下.

证明

$$\frac{1}{1} = 1, \quad \frac{1}{1+\frac{1}{1}} = \frac{1}{2}, \quad \frac{1}{1+\cfrac{1}{1+\cfrac{1}{1}}} = \frac{2}{3}, \quad \frac{1}{1+\cfrac{1}{1+\cfrac{1}{1+\cfrac{1}{1}}}} = \frac{3}{5}, \cdots$$

令

$$\frac{1}{1+\cfrac{1}{1+\cfrac{1}{\cdots}}} = x,$$

则

$$x = \frac{1}{1+x},$$

解之得

$$x = \frac{-1 \pm \sqrt{5}}{2},$$

舍去负值，得

$$x = \frac{-1 + \sqrt{5}}{2}.$$

这就证明了

$$\lim_{n \to \infty} \frac{F_{n-1}}{F_n} = \frac{-1 + \sqrt{5}}{2} \approx 0.618.$$

由此，斐波那契数列又称黄金分割数列.

数学中，从不同的范畴、不同的途径得到同一个结果的情形屡见不鲜. 这反映了客观世界的多样性和统一性，也反映了数学的统一美.

黄金分割数 0.618 从不同途径得到，就是一个很好的例子.

（1）黄金分割：线段的分割点比值是 $x = \frac{-1 + \sqrt{5}}{2} \approx 0.618$；

（2）斐波那契数列组成的分数数列 $\left\{ \frac{F_n}{F_{n+1}} \right\}$：$\frac{1}{1}, \frac{1}{2}, \frac{2}{3}, \frac{3}{5}, \frac{5}{8}, \cdots$ 的极限正是

$x = \frac{-1 + \sqrt{5}}{2} \approx 0.618$；

（3）方程 $x^2 + x - 1 = 0$ 的正根是 $x = \frac{-1 + \sqrt{5}}{2} \approx 0.618$；

（4）黄金矩形的宽长之比正是 $x = \frac{-1 + \sqrt{5}}{2} \approx 0.618$；

（5）连分数 $x = \cfrac{1}{1 + \cfrac{1}{1 + \cfrac{1}{\cdots}}}$ 的值正是 $x = \frac{-1 + \sqrt{5}}{2} \approx 0.618$；

（6）优选法的试验点正是 $x = \frac{-1 + \sqrt{5}}{2} \approx 0.618$.

综上，我们看到了数学的统一美.

3. 斐波那契数列的性质举例

求和性质：

性质 1　$F_1 + F_2 + \cdots + F_n = F_{n+2} - 1$.

性质 2　$F_2 + F_4 + \cdots + F_{2n} = F_{2n+1} - 1$.

性质 3　$F_1 + F_3 + F_5 + \cdots + F_{2n-1} = F_{2n}$.

性质 4　$F_n + F_{n+1} + \cdots + F_{n+9} = 11F_{n+6}$.

平方性质：

性质 5　$F_n^2 + F_{n+1}^2 = F_{2n+1}$.

性质 6　$F_{n+1}^2 - F_{n-1}^2 = F_{2n}$.

性质 7　$F_1^2 + F_2^2 + \cdots + F_n^2 = F_n \cdot F_{n+1}$.

性质 8　$F_n^2 + (-1)^n = F_{n-1} \cdot F_{n+1}$.

乘积性质：

性质 9　$F_1 F_2 + F_2 F_3 + \cdots + F_{n-1} F_n = \begin{cases} F_n^2, & n\text{为偶数} \\ F_n^2 - 1, & n\text{为奇数} \end{cases}$.

性质 10　$F_{n-1} F_n + F_n F_{n+1} = F_{2n}$.

倍数性质：

性质 11　F_{3n} 一定是 2 的倍数；F_{4n} 一定是 3 的倍数；F_{5n} 一定是 5 的倍数；F_{6n} 一定是 8 的倍数；……

斐波那契数列还有很多奇妙的性质，有兴趣的读者可查阅其他有关书籍，在此不一一列举．

以上性质都可以利用数学归纳法证明．下面我们用数学归纳法来证明性质 1．

证明　（1）当 $n = 1$ 时，左边 $= F_1 = 1$，右边 $= F_3 - 1 = 2 - 1 = 1$，所以左边 = 右边，即 $n = 1$ 时，等式成立．

（2）假设 $n = k$ 时，等式成立，即有

$$F_1 + F_2 + \cdots + F_k = F_{k+2} - 1$$

则 $n = k + 1$ 时，

$$F_1 + F_2 + \cdots + F_k + F_{k+1} = F_{k+2} - 1 + F_{k+1} = (F_{k+2} + F_{k+1}) - 1 = F_{k+3} - 1 = F_{(k+1)+2} - 1$$

即 $n = k + 1$，等式也成立．

综合（1）（2），对于所有正整数 n，$F_1 + F_2 + \cdots + F_n = F_{n+2} - 1$ 均成立．证毕．

其他性质留给读者自己完成，此处不再赘述．

3.2.4 与斐波那契数列有关的趣题

1. 登上台阶的方式

有一段楼梯有 10 级台阶，规定每一步只能跨一级或两级，要登上第 10 级台阶有几种不同的走法？

解 登上第 1 级台阶有一种方法；登上第 2 级台阶，有 2 种方法；登上第 3 级台阶，有 3 种方法.

设 F_n 表示登上第 n 级台阶的走法数，$n=1,2,\cdots$. 因为登上第 n 级台阶，他的最后一步可以从第 $n-2$ 级跨两级，也可以从第 $n-1$ 级跨一级而到达，所以有

$$\begin{cases} F_1=1, F_2=2 \\ F_n=F_{n-1}+F_{n-2} \quad (n \geqslant 3, n \text{ 为整数}) \end{cases}$$

由这个递推关系，可依次得到 $\{F_n\}$：1，2，3，5，8，13，…. 这是一个斐波那契数列，因此登上第 10 级台阶，有 89 种走法.

2. 魔术师与斐波那契数列

一位魔术师拿着一块边长为 8 英尺的正方形地毯，对他的地毯匠朋友说："请您把这块地毯分成四小块，再把它们缝成一块长 13 英尺、宽 5 英尺的长方形地毯."

这位匠师对魔术师算术之差深感惊异，因为 8 英尺的正方形地毯面积是 64 平方英尺，如何能够拼出 65 平方英尺的地毯？两者之间面积相差达 1 平方英尺呢！

可是魔术师做到了，魔术师让匠师用图 3.11 和图 3.12 的办法达到了他的目的.

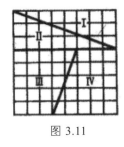
图 3.11

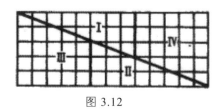
图 3.12

这真是不可思议的事!你猜那神奇的1平方英尺究竟跑到哪儿去了呢?

为什么 $64 = 65$? 其实就是利用了斐波那契数列的性质 8,即

$$F_{n-1} \cdot F_{n+1} - F_n^2 = (-1)^n,$$

5,8,13 正是数列中相邻的三项,事实上前后两块的面积确实差 1,只不过后来缝成的地毯有条细缝,面积刚好就是 1 平方英尺,一般人不容易注意到(见图 3.12).

同理,如果将图 3.13 中面积为 $13 \times 13 = 169$ 的正方形裁剪成图中标出的四块几何图形,然后重新拼接成图 3.14,计算可知长方形的面积为 $8 \times 21 = 168$,比正方形少了一个单位的面积.

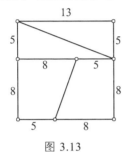

图 3.13

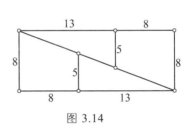

图 3.14

这就是斐波那契数列的奥妙所在.

3.十秒钟速算

下面这连续的 10 个数,你能在十秒钟内很快说出这些数的和吗?

①$1+1+2+3+5+8+13+21+34+55 = ?$

②$34+55+89+144+233+377+610+987+1597+2584 = ?$

分析 需要注意的是,以上加数均为斐波那契数,根据斐波那契数列性质 4

$$F_n + F_{n+1} + \cdots + F_{n+9} = 11F_{n+6},$$

即连续 10 个斐波那契数之和,必定等于第 7 个数的 11 倍!所以答案是

①$13 \times 11 = 143$,②$610 \times 11 = 6710$.

4.数字谜题

现有长为 144 cm 的铁丝,要截成 n 小段($n>2$),每段的长度不小于

1 cm. 如果其中任意三小段都不能拼成三角形，则 n 的最大值为多少？

分析与解 由于构成三角形的充要条件是任意两边之和大于第三边，因此不构成三角形的条件就是存在两边之和不超过第三边。n 段铁丝长度之和为定值 144，要使 n 尽可能大，则每段长度要尽可能小。截成的铁丝最短长度为 1，因此可以放 2 个 1，第三段铁丝长度就是 2，之后每一段铁丝长度总是前面的相邻两段长度之和，依次为：1，1，2，3，5，8，13，21，34，55，以上各数之和为 143，与 144 相差 1，因此可以取最后一段为 56，这时 n 达到最大，最大值为 10。

由题意，"每段的长度不小于 1 cm"这个条件起了控制全局的作用，正是这个最小数 1 产生了斐波那契数列，如果把 1 换成其他数，递推关系保留了，但这个数列消失了。这里，三角形的三边关系定理和斐波那契数列发生了联系。

在这个问题中，144>143，这个 143 是斐波那契数列的前 n 项和，我们是把 144 超出 143 的部分加到最后的一个数上去，如果加到其他数上，就有 3 条线段可以构成三角形了。

【结束语】

斐波那契于 1202 年在《算盘书》中由兔子问题得到斐波那契数列，此后并没有进一步探讨此序列，并且在 19 世纪初以前，也没有人认真研究过它。没想到过了几百年之后，19 世纪末和 20 世纪，这一问题派生出广泛的应用，人们发现不仅在自然界，在现代物理、准晶体结构、化学等领域，斐波那契数列都有直接的应用。斐波那契数列的神奇，吸引着无数人去发现它的性质、应用，从而斐波那契数列突然活跃起来，成为热门的研究课题。为此，美国数学会于 1963 年成立了斐波那契协会，还创办了学术杂志《斐波那契季刊》，专门刊载斐波那契这方面的研究成果。这本主要研究 F 数列和其他相关数列的杂志，一直长盛不衰，发表了层出不穷的许多新成果，至今仍在印发。有人比喻说，"有关斐波那契数列的论文，甚至比斐波那契的兔子增长得还快"。

斐波那契由兔子问题猜中了大自然的奥秘，而斐波那契数列的种种应用是这个奥秘的不同体现。

3.3　黄金分割与优选法

3.3.1　猜数游戏

游戏规则：两人一组；甲首先随机写一个某确定范围内的自然数，比如不超过 100 的自然数，不能让对方看着，乙猜甲写的数字；乙每猜一次后，甲和前面所写数字比较，告诉乙，是猜大了还是猜小了；乙继续猜，直到猜中为止.

比比谁猜中所用次数最少.

此游戏可用二分法很快猜出对方所写数字. 比如猜 100 以内的自然数，猜者首先猜 50，若对方说猜大了，则所写自然数应在[1，50]，故第二次猜 25，……. 用二分法每次可以将范围缩小一半. 比如说 100 以内的数最多猜 7 次就能够猜出来，因为 $2^6 < 100 < 2^7$. 若猜 1024 内的自然数，最多 10 次便可猜出对方所写数字，因为 1024 除以 2^{10}，正好得到 1.

此游戏策略在实际生活中也有很大作用. 比如巡线员在巡线的时候，如果每个电线杆都爬一遍，挨累受罪不说，也耽误事，有了这种方法，就可以拣中间的一根杆爬，看看线路通不通，若通了，说明毛病在后面一半线路上，若不通，说明毛病在前面一半线路上，然后再从待测的线路中间选一根继续测线路通不通. 这在数学上属于优选问题，也称最优化问题.

3.3.2　优选法

1. 优选法简介

在生产实践和科学试验中，为了得到优质、高产、低耗的效果，往往需要寻求出主要因素的最佳点. 许多问题的目标与因素之间没有明确的数学表达式，或表达式很复杂，难以用函数求极值的方法解决，只能通过试验找出有关因素的最佳点，这种通过试验选优的方法称为优选法. 优选法也叫最优化方法.

优选问题在生产、科研和日常生活中大量存在. 比如蒸馒头，为了使蒸出的馒头好吃，通常要放碱，如果碱放少了，蒸出的馒头发酸；碱放多了，馒头就会发黄且有碱味. 放多少碱才使蒸出来的馒头又松软又好吃？如果你没有做馒头的经验，也没有人可以请教，就要用数学的方法迅速找出合适的碱量标准. 假如我们是炼钢工人，为了加强钢的强度，需在钢中加入碳. 钢中的含碳量太多了是生铁，如果没有一点含碳量是熟铁，放多少碳才能使钢的强度最大呢？解决这些问题要靠试验，但怎样节省时间，使试验的次数最少呢？

优选法的核心就是用最少的试验次数，找到最佳的配比方案或者配方.

优选法分为单因素方法和多因素方法两类. 如果目标涉及的因素只有一个，就称单因素优选法；涉及的因素多于一个，则称多因素优选法. 通过试验进行优选的方法有很多，就单因素优选法而言，常用的有 0.618 法（黄金分割法）、分数法、对分法、抛物线法、分批试验法等. 对分法就是前面猜数游戏中用到的二分法，它是每次选取试验范围的中点做试验. 使用此方法的前提是必须能判断每次试验结果是"好"还是"坏"，以决定留下哪一半范围继续做试验.

优选法中以 0.618 法最受青睐，它能以较少的试验次数较快找到最佳点.

2. 0.618 法

0.618 法也叫黄金分割优选法，是每次选取试验区间的 0.618 处做试验的方法. 这是美国数学家基弗于 1953 年提出的一种优选法. 优选法在我国从 20 世纪 70 年代初开始，首先由我国数学家华罗庚等推广并大量应用.

0.618 法与黄金分割点的再生性有关. 黄金分割点的再生性是指：点 C 如果是线段 AB 的黄金分割点，点 C_1 是线段 BA 的黄金分割点，则 C_1 又恰是 AC 的黄金分割点，且 C 与 C_1 关于中点 O 对称.

同样，如果 C_2 是 CA 的黄金分割点，则 C_2 又恰是 AC_1 的黄金分割点，…，一直延续下去（见图 3.15）.

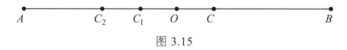

图 3.15

0.618 法的具体操作如下.

第一个试验点选在试验范围 $[a,b]$ 的 0.618 处，即第一次试验点为

$$x_1 = (b-a) \times 0.618 + a = （大-小）\times 0.618 + 小，$$

再在第一次试验点关于试验范围的对称点 x_2 处做第二次试验，即第二次试验点为

$$x_2 = (b-a) \times 0.382 + a = b + a - x_1 = 大 + 小 - 中间，$$

然后比较两点 x_1, x_2 处的试验结果，去掉"坏"点外侧的部分．例如若 x_1 比 x_2 好，则去掉 $[a, x_2]$ 区间，对留下的部分继续做试验．继续取中间试验点的对称点进行试验，即以后的点都是"大+小-中间"，做比较后决定取舍，逐步缩小试验范围．

应用 0.618 法，每次去掉的都是效果较差点以外的短区间，保留下的是效果较好的部分，而每次留下区间的长度是上次区间长度的 0.618 倍，试验范围随试验次数增加而缩小，第 n 次的试验范围为原来的 0.618^{n-1}，剩余搜索区间的长度以指数函数的速度迅速趋于 0，故能以较少的试验次数迅速找到最佳点．

例如炼钢时要掺入碳元素以加大钢的强度，已知每吨钢加入的碳在 1000～2000 g，现求最佳加入量，误差不得超过 1 g．

第一个试验点加入量为 $(2000-1000) \times 0.618 + 1000 = 1618$ g．记下它的强度数字（比如钢的拉伸强度、抗压强度等）．

第二次试验点加入量为 $2000 + 1000 - 1618 = 1382$ g．

比较两点处的试验结果，若第二点较好，则去掉 1618 g 以上部分；若第一点较好，则去掉 1382 g 以下部分．现假设第二点较好，则去掉 1618～2000 g 这一范围，对留下的部分 1000～1618 g 继续做试验．

第三次试验点是第二次试验点在新试验范围中的对称点．第三点的加入量为 $1618 + 1000 - 1382 = 1236$ g．再将第三点与第二点比较，若仍是第二点较好，则去掉 1000～1236 g 部分，试验范围缩小为 1236～1618 g．

第四次试验点的加入量为 $1618 + 1236 - 1382 = 1472$ g．

第四次试验后，再与第二点比较，继续试验，直到找到所需精度的最佳点．

……

0.618 法十分简便，每个试验点 x_n 可按照如下公式计算：

x_n = 剩余区间左端点+剩余区间右端点-留下的试验点.

只要记住"加两头减中间"或找对称点，便能掌握此方法. 如今，0.618法已为广大工人、技术人员和管理干部所熟悉.

3. 分数法

分数法也是一种常见的优选法. 它适用于试验范围由一些不连续的、间隔不等的点组成，或试验点只能取某些特定数，或由于某种条件的限制，只能做一定次数试验的情况.

分数法也称斐波那契数列法，是基于斐波那契数列 1，1，2，3，5，8，13，21，34，55，89，144，…建立起来的，是按分数列 $\dfrac{1}{2},\dfrac{2}{3},\dfrac{3}{5},\dfrac{5}{8},\dfrac{8}{13},\dfrac{13}{21},\dfrac{21}{34},\cdots,\dfrac{F_n}{F_{n+1}},\cdots$ 的顺序安排试验点.

例如由于某种条件的限制，只允许做一次试验（$n=1$）时，就取试验范围的 $\dfrac{1}{2}\left(=\dfrac{F_1}{F_2}\right)$ 处做试验，其精确度为 $\dfrac{1}{2}$；如果只允许做两次试验（$n=2$），则第一次在试验范围的 $\dfrac{2}{3}\left(=\dfrac{F_2}{F_3}\right)$ 处做试验，第二次在试验范围的 $\dfrac{1}{3}$（正是第一次试验点的对称点）处做试验，比较两次试验结果，取优点为最佳点，其精确度为 $\dfrac{1}{3}$；如果只允许做三次实验（$n=3$），则第一次在试验范围的 $\dfrac{3}{5}\left(=\dfrac{F_3}{F_4}\right)$ 处做试验，第二次在试验范围的 $\dfrac{2}{5}$ 处（它是 $\dfrac{3}{5}$ 的对称点）做试验，比较两次试验结果，去掉"坏"点外侧一段范围，缩小了实验范围，再找出"好"点在新范围中的对称点（即原试验范围的 $\dfrac{1}{5}$ 或 $\dfrac{4}{5}$ 处）做第三次试验，并与留下的"好"点做比较，选其优者为最佳点，其精确度为 $\dfrac{1}{5}$. 依次类推，如果只允许做 n 次试验，第一次试验就取在试验范围的 $\dfrac{F_n}{F_{n+1}}$ 处，然后按"加两头减中间"（即找对称点）的办法继续做试验，直到做完 n 次试验，便可得到最佳点，其精确度为 $\dfrac{1}{F_{n+1}}$.

由于分数列 $\dfrac{1}{2}$，$\dfrac{2}{3}$，$\dfrac{3}{5}$，$\dfrac{5}{8}$，$\dfrac{8}{13}$，$\dfrac{13}{21}$，$\dfrac{21}{34}$，…，$\dfrac{F_n}{F_{n+1}}$，…由斐波那契数列构造而成，可以证明

$$\lim_{n \to \infty} \frac{F_n}{F_{n+1}} = \frac{\sqrt{5}-1}{2} \approx 0.618 .$$

这说明：分数法的基本思想就是用适当的渐近分数 $\dfrac{F_n}{F_{n+1}}$ 代替 0.618，然后按类似黄金分割法的操作原理选取试点，即先用渐近分数确定第一个试点，后续试点用"加两头减中间"的方法来确定．

例 1 在配置某种清洗液时，需要加入某种材料．经验表明，加入量大于 130 ml 肯定不好．现用 150 ml 的锥形量杯计量加入量，该量杯的量程分为 15 格，每格代表 10 ml，如何找出这种材料的最优加入量？

分析 由于量杯是锥形的，所以每格的高度不等，很难量出多少 ml，因此不便于用 0.618 法（因为用 0.618 法算出的试点不是 10 ml 的整数倍，锥形量杯难以精确计量）．在这种情况下，可以用渐近分数代替 0.618，即用分数法来选取试验点．

本题中，其因素范围是 0 ~ 130 ml，锥形量杯能精确计量 10 ml 的整数倍，用渐近分数 $\dfrac{8}{13}$ 来代替 0.618 选取试点．

第一次试验在 80 ml 处，以后则用"加两头减中间"的方法确定，这样做几次试验后，就能找到满意的结果．即第一试点对应的加入量

$$x_1 = 0 + \frac{8}{13} \times (130 - 0) = 80 ，$$

第二试点对应的加入量

$$x_2 = 0 + 130 - 80 = 50 .$$

比较第一试点、第二试点对应的加入量，若第一试点是好点，则第三试点对应的加入量为

$$x_3 = 50 + 130 - 80 = 100 ，$$

如此继续．

例 2 在调试某设备的线路中，需要选一个电阻，但调试者手里只有

几种阻值不等的电阻. 如果阻值为 0.5 kΩ, 1 kΩ, 1.3 kΩ, 2 kΩ, 3 kΩ, 5 kΩ, 5.5 kΩ 等七种, 如何解决?

分析 由于阻值是离散的, 间隔不均匀, 如果用 0.618 法, 则计算出来的电阻, 调试者手里可能没有. 若直接用分数法, 电阻个数不是斐波那契数, 这时我们可以先把这些电阻由小到大排序, 并在两端各增加一个虚点, 使因素范围凑成 8 格.

阻值		0.5	1	1.3	2	3	5	5.5	
排序	0	1	2	3	4	5	6	7	8

通过上述处理, 可以把阻值优选变为排列序号优选, 然后在 0 至 8 之间运用分数法.

用渐近分数 $\frac{5}{8}$ 代替 0.618, 做第一次试验, 即取第五个电阻 3 kΩ, 以后按 "加两头减中间" 的方法找对称点 $\frac{3}{8}$ 处, 取第三个电阻 1.3 kΩ 做第二次试验. 比较两次试验结果, 去掉 "坏" 点外侧一段范围, 再找出 "好" 点在新范围中的对称点第三次试验, 共做 4 次试验, 即可找到较好的电阻.

有时试验范围中的份数不够分数中的分母数, 例如 10 份, 这时可以用两种方法来解决, 一种是分析能否缩短试验范围, 如能缩短两份, 则可应用 $\frac{5}{8}$; 如果不能缩短, 就可以添几个数, 凑足 13 份, 应用 $\frac{8}{13}$.

0.618 这个 "黄金比" 和斐波那契数列能产生 "优选法", 这告诉我们, 美的东西与有用的东西之间常常是有联系的.

4. 其他优选法介绍

单因素优选法有很多, 除对分法、0.618 法、分数法外, 还有盲人爬山法、分批试验法等, 它们的区别在于试验点的选择方法不同. 对于试验范围大、试验次数多的情况, 采取分批试验法可以加快试验进度, 减少试验代价.

多因素优选法比单因素优选法复杂, 在方法上、理论上不如单因素优选法成熟. 它主要有降维法、爬山法、单纯形调优法、随机试验法等. 对于多因素优选, 不同方法之间难以比较优劣, 往往只能通过实际例子做相对比较. 一般遇到多因素优选问题，往往采用降维法：先固定一些因素，将问题转化为某个单因素问题进行优选，然后再对其他因素逐一进行优选. 因此，对多因素问题优选时，首先对各个因素进行分析，找出影响指标的主要因素，略去次要因素，再根据实际情况，确定试验范围，选择优化方法.

由以上可看到，猜数小游戏中蕴含着大道理.

【阅读材料】

生命的曲线——螺线

螺线既是一种迷人的数学对象，又触及我们生活的许多领域，而且还是一种与生命相关的曲线. 著名的螺线家族包括许多类型的螺线，简单而言，有二维螺线与三维螺线之分.

拿出一张长方形的纸，画出它的对角线，然后把纸卷成圆柱形，这时画出的那条对角线就形成了圆柱面上的一条曲线，这条曲线就是一条三维螺线，确切地说是一条圆柱螺线.

自然界中经常会有这种螺线的出场. 比如，牵牛花是蔓生植物，要缠绕在其他直立的植物上生长，而它所采用的正是圆柱螺线的缠绕方式. 再如，松鼠绕树往上爬走的路线也是圆柱螺线. 为什么它们偏爱这种螺线？道理在于，圆柱螺线是圆柱面上的最短路径.（若把圆柱面沿一条直线割开展成一个平面，圆柱螺线上的点位于一条直线上，而两点之间线段最短），圆柱面上不在一条母线、也不垂直于母线的圆上两点 A，B，以通过 A，B 的螺旋线距离最短. 由此可明白，牵牛花藤蔓是用最短的距离缠绕在大树上生长的，而松鼠也是沿最短路径爬行的.

有趣的一点是，不同植物围着圆柱缠绕时有方向的差异，如牵牛花缠绕其他植物的方向是固定的、从右往左旋转，数学上把这种旋转的螺线叫作右螺旋线. 菜豆也是按右螺旋线生长的. 也有一些蔓生植物是从左往右旋转生长的，如蛇麻草，这种螺线叫作左螺旋线.

生活中常见的另一种三维螺线是圆锥螺线. 这种螺线可见于螺丝钉、掘进机钻头、电磁波天线等，海滨沙滩上耀眼的贝壳也有圆锥螺线.

自然界中最普遍存在的螺线是对数螺线，也称等角螺线（所谓等角螺线，就是向径和切线的交角永远不变的曲线）. 优美的对数螺线，可通过如下方式产生：用一根绳子的一端拴住一块石子，并将整段绳子缠绕在石子上. 然后在头顶上方旋转挥舞，让绳子慢慢松开，绳子长度不断增加，其增加的长度与石子转过的角度成正比，此时，石子运动的轨迹就是一条对数螺线. 对数螺线的特点是各个地方的弯曲度相同. 鹦鹉螺的外壳是典型的对数螺线.

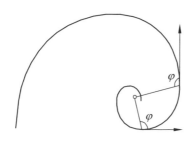

对数螺线画法：一个黄金矩形可以不断地被分为正方形及较小的黄金矩形，通过这些正方形的端点（黄金分割点），可以描出一条对数螺线，而螺线的中心正是第一个黄金矩形及第二个黄金矩形的对角线交点，也是第二个黄金矩形与第三个黄金矩形的对角线交点.

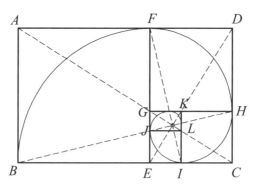

为什么鹦鹉螺身上的纹路会是对数螺线呢？这是因为，这种动物的发育模式与拴在绳子上转动的石子相似，即在生长过程中，螺壳每转过一定角度，螺身也按特定的比例发育.

事实上，这种螺线广泛出现在动植物中. 如雏菊及松果上的条纹、蜗牛壳上的条纹等都是对数螺线. 若以大小而言，对数螺线最为壮观的表现是旋转星云的星云臂. 银河系本身由成亿的星组成，像一个极大的风车不停地旋转，费人思索的是，由一些发光的星和气体物质所组成的"张牙舞爪"的星云臂正是对数螺线.

对数螺线在数学上可用极坐标表示为

$$\rho = b^{\theta}, \quad 即 \quad \theta = \log_b \rho,$$

这就是对数螺线名称的由来. 它具有一条重要性质：每条经过极点的直线都以同一固定的角度和对数螺线相交，或者说螺线上任意点的切线和这一点的极径所成的角是定角. 由此对数螺线又称等角螺线. 对数螺线的任何部分在形状上都与其他任何有相同角宽的部分相似. 或许正是这种特征，导致了自然界中对数螺线的频繁出现.

对数螺线最早由笛卡儿在 1638 年发现，后来许多数学家也对其做过研究. 特别是瑞士数学家雅各布·贝努利发现，对数螺线在经过许多数学变换后仍是对数螺线，比如不管把对数螺线放大或缩小，还是旋转，结果总是得到对数螺线. 对数螺线的渐屈线和渐伸线、垂足线、反演曲线、焦线、回光线等仍是对数螺线. 这些变换会把一般曲线变得面目全非，而对数螺线却依然如故，仅仅是位置有所改变，这简直是妙不可言.

雅各布对这些有趣的性质惊叹不止，最后他在遗嘱里吩咐要把对数螺线刻在自己的墓碑上，并附上一句含义深刻的哲学名言 "*Eadem mutata resurgo*"（虽然改变了，我还是和原来一样）. 据说雅各布的愿望没有完美实现，刻墓碑的人因为粗心，误将阿基米德螺线当成对数螺线刻在墓碑上了.

大自然和人类文明中最常见的螺线类型还有阿基米德螺线. 阿基米

德螺线是由阿基米德发现的，用绳子在圆柱体上环绕所得到的就是阿基米德螺线．它的特点是越往外部弯曲度越小．如蜷曲的小虫、唱片上的螺纹都属于阿基米德螺线．

除此之外，大自然和人类文明中还有连锁螺线和费马螺线等其他螺线形式，但它们的"表演"机会显然没有阿基米德螺线、对数螺线多．

（本文来自网络，有改动）

第4章
猴子分苹果与递推问题

4.1 猴子分苹果

有五个猴子一起去摘苹果，摘完后，它们就到河边的树林中睡觉。有一个先醒了，它把所有苹果平均分作五份，还剩下一个，它把剩下的一个扔到河里，就提着自己的一份回家了。第二个猴子醒来，它把剩下的所有苹果也平均分作五份，这次又剩下一个，它把这一个也扔到河里，提着一份走了。以后每个猴子都如此处理，每次都剩下一个。问原来至少有多少个苹果？

分析 当猴子较多时，我们可通过数列来解决问题。

设原来有 x 个苹果，五个猴子分得的苹果数分别为 a_1, a_2, a_3, a_4, a_5，则可得到

$$x = 5a_1 + 1, \quad 4a_1 = 5a_2 + 1, \quad 4a_2 = 5a_3 + 1, \quad \cdots, \quad 4a_4 = 5a_5 + 1.$$

以上可统一写作

$$4a_{n-1} = 5a_n + 1, \quad n = 2, 3, 4, 5. \tag{1}$$

由 $x = 5a_1 + 1$，得

$$a_1 = \frac{x-1}{5}. \tag{2}$$

由式（1）、（2）可得

$$a_n = \frac{4^{n-1}}{5^n}(x+4) - 1.$$

当 $n = 5$ 时，有

$$a_5 = \frac{4^4}{5^5}(x+4) - 1.$$

又因 a_5 为整数，而 4^4 与 5^5 互素，所以 $x+4$ 应能被 5^5 整除，即 x 至少满足 $x+4=5^5$，解得 $x=3121$，即原来至少有 3121 个苹果，此时很容易得到 a_1,a_2,a_3,a_4,a_5 的值.

一般地，用 $a_1,a_2,a_3,\dots$ 表示一个变化过程的各个状态. 如果状态 a_n 与前面状态 a_{n-1}，a_{n-2} 存在相依关系，可以表示为等式或不等式关系，则称这样的关系为递推关系，取等号时也称递推方程或递推公式. 如式（1）就是递推关系，它反映了 a_n 与 a_{n-1} 的联系.

利用递推关系解决问题的方法称为递推方法. 它是数学上解决问题的一个常见方法.

4.2　世界末日的传说

印度有一个关于"世界末日"的传说：在印度佛教文化圣地贝拿勒斯的圣庙里，安放着一个黄铜板，板上插着三根镶着宝石的细针. 每根针高约 50.8 cm，像韭菜叶那样粗细. 当印度教的主神梵天在创造世界的时候，在其中一根针上，自下到上，放下了由大到小的 64 片圆环形金片，这就是所谓梵塔. 梵天让这庙中的僧侣，把这些金片全部由一根针移到另外一根指定的针上，一次只能移一片，不管在什么情况下，金片的大小次序不能变更，小金片永远只能放在大金片上面. 只要有一天这 64 个金片能从指定的针上完全转移到另外指定的针上，世界末日就来到，芸芸众生、神庙一切都将消灭，万物尽入极乐世界.

这个传说提出了一个有趣的问题：64 个金片从一根宝石针上移至另外一根针上时，究竟要移动多少次？假设移动一次需 1 秒钟，"世界末日"到来的时间有多长？

分析与解　这个问题可以用递推的方法解决.

记三个针为 A,B,C. 假设最初只有 1 个金片穿在 A 针上，欲移到另外一根指定的针 C 上，显然只需要 1 次转移. 若是 2 个金片，首先把上面的 1 个金片从 A 针移动到 B 针，将 A 针下面的一个金片转移到 C 针上，然后，再把 B 针上的 1 个金片转移到 C 针上，需要 3 次转移.

设 n 个金片从一根针上全部移到另外一根针上，需要 a_n 次转移.

要把穿在 A 针上的 n 个金片全部转移到 C 针上，其步骤如下：

第一步：先将 A 针上面 $n-1$ 个金片按由大到小的顺序转移到 B 针上，C 针仍然空着，这需要 a_{n-1} 次转移；

第二步：将 A 针最下面的一个金片转移到 C 针上，即做一次转移；

第三步：把 B 针上的 $n-1$ 个金片全部转移到 C 针上，这又需要 a_{n-1} 次转移.

所以，当 n 个金片从一根针上全部移到另外一根针上时，共需要 $2a_{n-1}+1$ 次转移.

由此得到递推关系式：

$$\begin{cases} a_1 = 1, & （1） \\ a_n = 2a_{n-1}+1. & （2） \end{cases}$$

由式（2）得

$$a_{n+1} = 2a_n + 1. \qquad （3）$$

由（3）－（2），可得

$$a_{n+1} - a_n = 2(a_n - a_{n-1}). \qquad （4）$$

由式（4）知，数列 $\{a_{n+1} - a_n\}$ 是以 2 为公比，$a_2 - a_1$ 为首项的等比数列. 已知 $a_1 = 1$，$a_2 = 3$，知 $a_2 - a_1 = 2$，得

$$a_{n+1} - a_n = 2^n. \qquad （5）$$

将式（3）代入式（5）得

$$2a_n + 1 - a_n = 2^n，$$

即得

$$a_n = 2^n - 1.$$

当 $n = 64$ 时，$a_{64} = 2^{64} - 1$.

因此，64 个金片从一根宝石针上全部移至另外一根针上，需要移动 $2^{64}-1$ 次. 假设移动一次需 1 秒钟，这需要夜以继日地搬动大约 5800 亿年！

本题通过建立递推关系，将"世界末日到来的时间有多长"的问题转化为求数列的通项问题，利用递推方法使问题得到解决. 我们看到，从某个初始条件出发，逐步递推可以得到任一时刻的结果. 也就是说，初始条件与递推关系可以完全确定一个过程.

客观世界的许多变化都呈现出前因影响后果的规律，即这些问题常常具有递推关系，如何寻求这个递推关系式就是解决问题的关键.

利用递推方法求解的基本步骤如下：

（1）观察确认：能否容易地得到初始值或简单情况的解，并求出来；

（2）分析归纳：当规模扩大到 n 时，通过列举出所有的情况，找出规模为 n 与 $n-1$，$n-2$ 等之间的递推关系；

（3）求解递推关系，或论证递推关系的性质.

4.3 分割问题

例 1 平面上有 n 条直线，任何两条直线都相交，任何三条直线不共点，求：

（1）交点总数；

（2）这 n 条直线把平面分成多少个部分？

解（用递推方法）

（1）2 条直线相交有 1 个交点，3 条直线满足题设条件时有 3 个交点，设 n 条直线满足题设条件时有 a_n 个交点.

a_n 可以这样得到：$n-1$ 条直线满足题设条件时有 a_{n-1} 个交点，当增加一条直线时，设这条直线与前面每条直线皆相交，任何三条直线不共点，则增加 $n-1$ 个交点.

由此得到递推关系式：

$$\begin{cases} a_2 = 1 \\ a_n = a_{n-1} + (n-1) \end{cases}$$

当 $n = 3, 4, 5, \cdots$ 时，我们得到

$$a_3 = a_2 + 2，$$

$$a_4 = a_3 + 3，$$

$$a_5 = a_4 + 4，$$

$$\vdots$$

$$a_{n-1} = a_{n-2} + (n-2)，$$

$$a_n = a_{n-1} + (n-1) .$$

以上 $n-2$ 个式子相加，得

$$a_n = a_2 + [2 + 3 + \cdots + (n-1)] .$$

又因 $a_2 = 1$，得

$$a_n = \frac{1}{2}n(n-1) .$$

即 n 条直线满足题设条件时有 $\frac{1}{2}n(n-1)$ 个交点.

（2）对 n 条直线分平面问题可用类似方法考虑.

第 1 条直线将平面分成 2 部分；添上第 2 条直线，与第 1 条直线有 1 个交点，将第 2 条直线分成 2 段，每一段将其所在区域一分为二，所以多了 2 个部分；添上第 3 条直线，与前 2 条直线有 2 个交点，将第 3 条直线分成 3 段，每一段将其所在区域一分为二，所以多了 3 个部分，依次类推.

设 n 条直线满足题设条件时将平面分成 b_n 部分，得递推公式

$$\begin{cases} b_1 = 2 \\ b_n = b_{n-1} + n \end{cases}$$

同理易得

$$b_n = \frac{1}{2}(n^2 + n + 2) ,$$

即 n 条直线可将平面分割成 $\frac{1}{2}(n^2 + n + 2)$ 个部分.

例 2 n 个平面最多把空间分成多少个部分？

分析与解 显然，当这 n 个平面满足以下条件时，所分割的部分数是最多的.

（1）这 n 个平面两两相交；（2）任何三个平面不相交于同一直线，这 n 个平面的交线任两条都不平行；（3）任何四个平面不过同一点.

我们仍然采用递推的方法来寻找规律：1 个平面最多分空间 2 部分，2 个平面最多分空间 4 部分，3 个平面最多分空间 8 部分，……设 n 个平面分空间最多的部分数为 c_n，易知在 $n-1$ 个平面把空间分割成 c_{n-1} 个部分的基础上，由于增加的第 n 个平面与前 $n-1$ 个平面都相交，并且又不过原来任何 3 个平面的交点，从而不过原来任两平面的交线，于是就交出了 $n-1$ 条新直

线，由例 1 知，第 n 个平面上的这 $n-1$ 条新直线就把第 n 个平面分割成

$$\frac{1}{2}[(n-1)^2+(n-1)+2]=\frac{1}{2}(n^2-n+2)$$

个部分. 每一部分把它所在的区域一分为二，于是空间增加了

$$\frac{1}{2}(n^2-n+2)$$

个部分.

由此得到递推关系式：

$$c_n=c_{n-1}+\frac{1}{2}(n^2-n+2)，$$

由此可得

$$c_n=\frac{1}{6}(n^3+5n+6).$$

即 n 个平面最多可将平面分割成

$$\frac{1}{6}(n^3+5n+6)$$

个部分.

思考：平面上有 100 个圆两两相交，任意两圆有两个交点，任意三圆不共点，问这 100 个圆把平面分割成几个区域？

4.4　纸牌覆盖

用"1×2"纸牌（如图 4.1）若干张，放在一个图形上. 如果将图形都盖住，并且牌与牌之间不重叠，也没有超出图形之外，我们把满足这种条件的叫作一种"覆盖"方法. 例如，用"1×2"纸牌覆盖"2×2"图形（如图 4.2），有 2 种方法.

问用"1×2"纸牌，覆盖"2×10"图形（如图 4.3）有多少种覆盖方法？

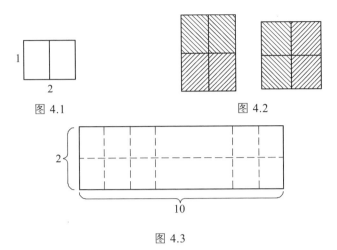

图 4.1　　　　　　　　　　图 4.2

图 4.3

分析与解　要——画出所有"覆盖"方法，不是一件容易的事．我们从简单情况入手并观察分析，设法找出规律．

用"1×2"纸牌覆盖"2×1"图形，只有 1 种覆盖方法；用"1×2"纸牌覆盖"2×2"图形，有 2 种覆盖方法；用"1×2"纸牌覆盖"2×3"图形，有 3 种方法，"竖、竖、竖"，"竖、横、横"，"横、横、竖"，如图4.4 所示．

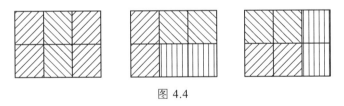

图 4.4

通过分析发现，覆盖"2×3"图形的方法数恰好等于覆盖"2×1"图形与"2×2"图形的方法数之和．这其中是否有一定道理呢？当第一张牌竖放时，剩下"2×2"图形，有 2 种覆盖方法；当第一张牌横放时，第二张也必须横放，剩下"2×1"图形，有 1 种覆盖方法．这就是说第一张牌竖放转化为"2×2"图形情况，第一张牌横放转化为"2×1"图形情况，因此覆盖"2×3"图形方法数恰好等于覆盖"2×2"图形和"2×1"图形的方法数之和．

同理，覆盖"2×4"图形方法数可转化成覆盖"2×3"图形（第一张竖放）和"2×2"图形（第一、二张横放）的方法数之和．依此类推．

设"$2 \times n$"图形用"1×2"纸牌覆盖有 a_n 种方法，那么有

$$a_n = a_{n-1} + a_{n-2}.$$

根据这个递推公式，可得到表 4.1.

表 4.1

n	1	2	3	4	5	6	7	8	9	10
a_n	1	2	3	5	8	13	21	34	55	89

因此用"1×2"纸牌覆盖"2×10"图形，有 89 种方法．

第 5 章
抢板凳与抽屉原理

5.1　抢板凳游戏

　　游戏规则：5 ~ 10 人为一组，游戏开始前先把凳子摆成圆形，要求凳子数少于参加人数，如 10 人就摆 9 只或 8 只，然后，每组参赛人员在凳子外面围成一圈．当音乐响起的时候，参赛人员就绕着凳子转圈，不能插队．音乐停下来时，参赛人员要迅速抢占一个凳子坐下，没有抢到凳子的人被淘汰．当每一轮比赛有人被淘汰后，裁判就抽掉与淘汰队员数量相同的凳子（要保证凳子数少于参加人数），剩下的人继续抢，当最后只剩下一只凳子时，谁抢到最后一只凳子，谁就是冠军．

5.2　脑筋急转弯

　　（1）一副扑克牌，拿走两个王．至少抽出多少张，才能保证至少有两张牌花色相同？至少抽几张牌，才能保证有 4 张牌花色相同？

　　（2）有黑色、白色、黄色的筷子各 8 根，混杂在一起，黑暗中想从这些筷子中取出颜色相同的一双筷子，问至少要取多少根才能保证达到要求？

　　（3）7 只鸽子飞回 6 个鸽舍，至少有几只鸽子要飞进同一个鸽舍？7 只鸽子飞回 5 个鸽舍，至少有几只鸽子要飞进同一个鸽舍？7 只鸽子飞回 4 个鸽舍，至少有几只鸽子要飞进同一个鸽舍？

解答提示：（1）5，13；（2）4；（3）2，2，2.

以上问题和前面的游戏均涉及一个简单而又应用广泛的数学原理——抽屉原理.

5.3 抽屉原理

抽屉原理又称"鸽笼原理". 最先是由 19 世纪的德国数学家狄利克雷于 1834 年提出来的，所以也称"狄里克雷原理". 它是组合数学中一个重要的原理，这一原理在解决实际问题中有着广泛的应用.

原理 1 将多于 n 个的物体按任意确定的方式分放到 n 个抽屉里，则至少有一个抽屉里物体有两个或更多个.

证明 （反证法）

反设每个抽屉至多只有一个物体，那么物体的总数至多是 $n \times 1$，这与题设"多于 n 个"相矛盾. 反设错误，原命题成立.

抽屉原理的内容简明朴素，看似平淡无奇，但它在初等数学乃至高等数学中有许多重要的应用.

例 1 在新学期的开学典礼上，某年级总共有一千人参加，从学生中任意挑选 13 人（或 14 人、15 人）. 证明在这 13 人中至少有 2 人属相相同.

证明 由于属相总共有 12 种，因此可将 12 种属相看成 12 个抽屉. 根据抽屉原理，将 13 件物品放入 12 个抽屉，至少有一个抽屉中的物品的件数不少于 2，即说明 13 人中至少有 2 人属相相同.

例 2 有红、黄、蓝、白珠子各 10 粒，装在一只袋子里，为了保证摸出的珠子有两粒颜色相同，应至少摸出几粒?

解 将 4 种颜色看成 4 个抽屉，任意从袋子中摸出一粒，根据颜色放入相应抽屉. 从最坏的情况考虑，假定摸出的前 4 粒都不同色，那么再摸出 1 粒（第 5 粒）一定可以保证和前面中的一粒同色. 因此，不管在什么情况下，至少摸出 5 粒就能保证摸出的珠子有两粒颜色相同.

应用抽屉原理通常考虑的是不确定情况. 在不确定情况中，有两种极端情况，一种是最好的情况，另一种是最不利的情况. 如上题，运气最好时可能摸出第 2 粒就恰好与第一粒颜色相同；运气最不好时摸出的前 4 粒均不同色，摸出第 5 粒才有两粒颜色相同．如果在所有情况里，最不利的情况下都能达到"保证摸出的珠子有两粒颜色相同"的要求，那么所有情况下就都能达到要求了．因此应用抽屉原理解决问题时，通常考虑最不利情况，即遵循最不利原则．

例 3　黑色、白色、黄色的筷子各有 8 根，混杂地放在一起，黑暗中想从这些筷子中取出颜色不同的 2 双筷子（每双筷子两根的颜色应一样），问至少要取多少根才能保证达到要求？

解　由于有三种颜色的筷子，而且混杂在一起，我们在黑暗中取筷子时无法分辨出筷子的颜色，这样如果取的筷子数目不多于 8 根的话，有可能取出的是同一颜色，这是最不利的情况．因此要想保证取出颜色不同的 2 双筷子，取出的筷子数必须超过 8 根．为了保证达到要求，我们从最不利的情况出发，假设开始取出的筷子 8 根都是同一颜色，这时问题就变成了后面怎样才能使所取的筷子中保证有两根的颜色相同．这时，剩下的颜色只有两种，把两种颜色看作两个抽屉，把筷子当作苹果，根据抽屉原理，只需再取出 3 根筷子就能保证有两根的颜色相同．总之，在最不利的情况下，只要取出 8+3=11 根筷子，就能保证有颜色不同的 2 双筷子．所以，至少要取 11 根筷子才能保证达到要求．

例 4　能否在 8 行 8 列的方格表（如图 5.1）中，每个空格分别填上 1，2，3 这三个数字中的任一个，使得每行、每列及两条对角线上的各个数字的和互不相等？

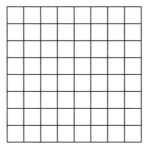

图 5.1

解　8 行 8 列加上 2 条对角线，共有 18 条"线"，每条"线"上都填有

8 个数字，共对应 18 个和．如果一条"线"上的 8 个数字都填 1，那么数字和为最小值 8；如果一条"线"上的 8 个数字都填 3，那么数字和为最大值 24．由于数字和都是整数，所以从 8 到 24 共有 17 个不同的值，我们把数字和的 17 种不同值当作 17 个抽屉，而把 18 条"线"当作 18 个苹果，根据抽屉原理，把 18 个苹果分到 17 个抽屉，一定有一个抽屉里有两个或两个以上的苹果，即 18 条"线"上的数字和至少有两个是相同的．因此，不可能使 18 条"线"上的各个数字的和互不相等．

5.4 抽屉原理的推广

我们可以将原理 1 推广到更一般情况．

原理 2 把多于 $m \times n$ 个物体，按任意确定的方式分放到 n 个抽屉里，则至少有一个抽屉里有 $m+1$ 个或多于 $m+1$ 个物体．

证明 （反证法）

反设每个抽屉至多放进 m 个物体，那么 n 个抽屉至多放进 $m \times n$ 个物体，与题设不符．故反设错误，原命题成立．

原理 1 可看作原理 2 当 $m=1$ 时的特例．有了这一推广，应用抽屉原理就可以解决更多有趣的数学问题了．

例 5 填空：

（1）7 只鸽子飞回 3 个鸽舍，至少有（　　）只鸽子要飞进同一个鸽舍．

（2）7 只鸽子飞回 2 个鸽舍，至少有（　　）只鸽子要飞进同一个鸽舍．

（3）一副扑克牌，拿走两个王，剩 52 张，任意抽出 5 张牌，至少有（　　）张牌花色相同；任意抽出 9 张牌，至少有（　　）张牌花色相同；任意抽出 17 张牌，至少有（　　）张牌花色相同．

解答提示：（1）3；　　（2）4；　　（3）2，3，5．

一般地，把 k 个物体放入 n 个抽屉里（$k>n$），如果 $k \div n = m \cdots b$（$b<n$），那么总有一个抽屉里至少放入 $m+1$ 个物体．即"总有一个抽屉里至少有几个"只要用"商+1"就可以得到．

例6 请问在任意的 37 个中国人中至少有几个人的属相相同？

解 中国属相有 12 种，看成 12 个抽屉，$37 \div 12 = 3 \cdots\cdots 1$，则至少有一个属相对应不少于 4 个人，即至少有 4 个人属相相同.

例7 从一副完整的扑克牌中，至少抽出多少张牌，才能保证至少有 6 张牌花色相同？

解 一副完整的扑克牌包括 2 张大王、小王，还有红桃、方块、黑桃、梅花各 13 张. 至少抽出多少张牌才能保证达到要求？应考虑最不利情况，要求 6 张牌的花色相同，而最不利情况即红桃、方块、黑桃、梅花各抽出 5 张，再加上大王、小王，共取出 $4 \times 5 + 2 = 22$ 张，此时若再取一张，则一定有一种花色的牌有 6 张. 即至少取出 23 张牌，才能保证至少 6 张牌花色相同.

这里，我们解决问题再次遵循了最不利原则.

我们还可将原理 2 推广到无穷的情况，就得到下面原理.

原理3 把无穷多个物体按任意方式放入 n 个抽屉，则至少有一个抽屉里有无穷个物体.

证明同原理 2（略）.

5.5 构造抽屉的常用方法

在应用抽屉原理解题时，最重要的是选择恰当的"抽屉"和"苹果". 对于有些问题，"抽屉"和"苹果"不明显，需要根据题目条件，深入分析思考，甚至需要用一些灵巧的方法构造出抽屉来. 下面通过例题来说明如何构造"抽屉"的一些思想方法.

5.5.1 用数组构造抽屉

例8 在 1，4，7，10，…，100 中任意选取 20 个不同的数组成一组. 证明这样的任一组数中至少有不同的两对数，其和等于 104.

证明 由等差数列通项公式 $a_n = a_1 + (n-1)d$，易知 1，4，7，10，…，100 共 34 个数. 现将所给数分成如下 18 个数组：

$\{4，100\}$，$\{7，97\}$，$\cdots$，$\{49，55\}$，$\{1\}$，$\{52\}$.

把每个数组看作一个抽屉，当任意取出 20 个不同的数时，若取到 1 和 52，则剩下的 18 个数一定取自前 16 个"抽屉"，这样至少有 4 个数取自某两个"抽屉"；若 1 和 52 没有全被取出，则有多于 18 个数取自前 16 个"抽屉"，同样至少有 4 个数取自某两个"抽屉". 而前 16 个"抽屉"中任一"抽屉"的两数之和为 104.

例 9 把 1，2，3，$\cdots$，10 这十个自然数按任意顺序排成一圈. 求证：在这一圈数中一定有相邻的三个数之和大于 17.

解 无论以怎样的顺序把 1，2，3，$\cdots$，10 这十个自然数排成一圈，总能先找到 1 所在的位置（如图 5.2），然后按顺时针方向，把其他数依次表示为 $a_2，a_3，\cdots，a_{10}$.

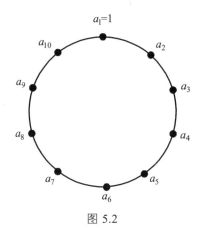

图 5.2

对任一种摆放顺序，都把以上九个数分成以下三组：

$$\{a_2，a_3，a_4\}，\quad \{a_5，a_6，a_7\}，\quad \{a_8，a_9，a_{10}\}.$$

把这三个数组看作三个"抽屉"，根据加法交换律、结合律，可以得到下面等式：

$$(a_2+a_3+a_4)+(a_5+a_6+a_7)+(a_8+a_9+a_{10})$$
$$=2+3+4+5+6+7+8+9+10$$
$$=54,$$

而 $54>17\times3$，根据抽屉原理 2，一定有一个抽屉中三个数之和大于 17，它们恰好是位置相邻的三个数.

5.5.2　用剖分图形构造抽屉

例 10　在边长为 1 的正方形内，任意放入 9 个点，证明在以这些点为顶点的三角形中，必有一个三角形的面积不超过 $\dfrac{1}{8}$.（三点一线时认为面积为 0.）

解　分别联结正方形两组对边的中点，将正方形分为四个全等的小正方形，如图 5.3，则各个小正方形的面积均为 $\dfrac{1}{4}$.把这四个小正方形看作 4 个抽屉，将 9 个点任意放入 4 个抽屉中，根据抽屉原理 2，至少有一个小正方形中有 3 个点.易证，以这三个点为顶点的三角形的面积不超过 $\dfrac{1}{8}$.

事实上，设 A,B,C 三点落入同一个小正方形中，若 A,B,C 三点在一条直线上，结论显然成立；若 A,B,C 三点不在一条直线上，如图 5.4，连接三点，过 B 点做正方形边的平行线，交 AC 于 D 点，设 A 点到 BD 边上的距离为 h_1，C 点到 BD 边上的距离为 h_2，则有

$$S_{\triangle ABC} = S_{\triangle ABD} + S_{\triangle CBD} = \frac{1}{2} \cdot DB \cdot h_1 + \frac{1}{2} \cdot DB \cdot h_2$$

$$= \frac{1}{2} \cdot DB \cdot (h_1 + h_2) \leqslant \frac{1}{2} \cdot \frac{1}{2} \cdot \frac{1}{2} = \frac{1}{8}.$$

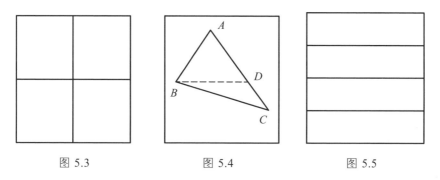

图 5.3　　　　　　图 5.4　　　　　　图 5.5

说明：本题构造抽屉的方法不是唯一的，也可将边长为 1 的正方形分成如图 5.5 所示的 4 个小正方形，从而构造出 4 个抽屉.但是如果把正方形按两条对角线分成 4 个全等的小直角三角形却不可行.可见，如何构造"抽屉"是利用抽屉原理解决问题的关键.

5.5.3 用着色方法构造"抽屉"

例 11 六人集会问题

"证明在任意六个人的集会上，或者有三个人以前彼此认识，或者有三个人以前彼此不认识."

证明 在平面上用六个点 A,B,C,D,E,F 分别代表参加集会的任意六个人. 如果两人以前彼此认识，那么就在代表他们的两点间连一条红线；否则连一条蓝线. 考虑从某一点出发的五条线段，如 A 点与其余各点间的五条连线 AB，AC，$\cdots$，AF，由于它们的颜色不超过两种，根据抽屉原理 2，可知其中至少有三条线段同色，不妨设 AB，AC，AD 同为红色（如图 5.6 实线所示）. 接着考虑连接点 B,C,D 的三条线段（如图 5.6 虚线所示），如果 BC，BD，CD 这三条连线中有一条也为红色，不妨设为 BC，那么△ABC 即为一个红色三角形，A,B,C 代表的三个人以前彼此相识；如果 BC，BD，CD 三条连线全为蓝色，那么△BCD 即为一个蓝色三角形，B,C,D 代表的三个人以前彼此不相识. 不论哪种情形发生，都符合问题的结论.

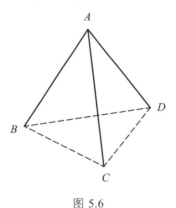

图 5.6

六人集会问题是组合数学中著名的拉姆塞定理的一个最简单的特例，这个简单问题的证明思想可用来得出另外一些深入的结论. 这些结论构成了组合数学中的重要内容——拉姆塞理论. 从六人集会问题的证明中，我们看到了抽屉原理在证明存在性问题中的应用.

5.5.4 用剩余类构造"抽屉"

例 12 证明任意七个整数中,至少有三个整数的两两之差是 3 的倍数.

证明 因为任一整数除以 3 时余数只有 0,1,2 三种可能,把每一种余数看作一个"抽屉",那么余数相同的数就在同一"抽屉"里. 根据抽屉原理 2,七个整数除以 3 后至少有三个整数的余数相同,显然这三个整数两两之差是 3 的倍数.

思考练习

1. 饲养员给 10 只猴子分苹果,其中至少要有一只猴子得到 7 个苹果,饲养员至少要拿来多少个苹果?

2. 把 154 本图书分给某班的同学,如果不管怎样分,都至少有一位同学会分得 4 本或 4 本以上的图书,那么这个班最多有多少名学生?

3. 证明任意 4 个自然数中,必定有两个数的差是 3 的倍数.

4. 从 2,4,6,8,…,24,26 这 13 个连续的偶数中,任取 8 个数,证明其中一定有两个数之和是 28.

5. 在半径为 1 的圆内,任意画 13 个点,则一定有三个点,由它们构成的三角形面积小于 $\dfrac{\pi}{6}$. 为什么?

第 6 章
趣味逻辑问题

我们有时候会遇到这样一类数学问题，题目中往往没有数字或图形，而是一些互相关联的事实，这类问题的解答没有一般算法和原理，不需要进行许多计算或图形变换，而是以事实为根据，通过巧妙清晰的分析和推理判断得出正确结论．这类问题就叫作逻辑推理问题，简称逻辑问题．

6.1 逻辑推理必须遵循的逻辑规律

逻辑就是思维的规律、规则．逻辑推理就是根据一系列的事实或论据，使用一定的推理方法，最后得到结论的思维过程．我们在进行数学思考的时候离不开逻辑推理．

逻辑的基本规律是人们运用概念、做出判断、进行推理和论证时所必须遵守的最起码的思维准则，它主要包括同一律、矛盾律、排中律、充足理由律，这四条规律要求思维必须具备确定性、无矛盾性和明确性．违背了逻辑的基本规律的要求，思维就会陷入逻辑矛盾．

6.1.1 同一律

同一律的基本内容：在同一个推理、论证过程中，任何一个概念或判断都与其自身保持同一．

同一律的公式：A 就是 A.

同一律的要求：确定性的要求．体现在概念上，在同一个推理、论证过程中，任何一个概念都有其确定的内涵和外延，即思考对象必须保持一致，每一个概念必须是在同一意义下使用，不允许偷换．体现在判断上，任何一个判断都有其确定的断定内容，在同一个推理、论证过程中，肯定什么就肯定什么，否定什么就否定什么．

违反同一律的逻辑错误主要有：混淆概念或偷换概念，混淆论题或偷换论题．

例如下面的回答就偷换了论题．

问：为什么乱罚款？

答：罚款本身不是目的，严格执法是为了维护人民的合法权益．

6.1.2　矛盾律

矛盾律的基本内容：在同一个思维过程中，两个互相反对或者相互矛盾的判断，不能同真，必有一假．

矛盾律的公式：A 不是非 A．

矛盾律的要求：不能自相矛盾．在同一个思维过程中，也就是在同一时间、同一关系下，同一对象不应该具有相互矛盾的属性，即不能在同一个思维过程中，对一个对象既肯定，又否定．

例如，某少先队的所有学生都是男生．

　　　　某少先队的有些学生不是男生．

这两个命题互相矛盾，必有一假．

如果违反矛盾律的要求，就会出现思维上的前后不一，自相矛盾．

6.1.3　排中律

排中律的基本内容：在同一个思维过程，两个互相矛盾的思想不能同假，必有一真，即对一个命题及其否定不能持两不可之说．

排中律的公式：要么 A，要么非 A．

排中律的要求：在同一思维过程中，也就是在同一时间、同一关系下，对反映同一对象的两个互相矛盾的思想，它或者是真的，或者是假的，二者必居其一，不应该含糊其词，模棱两可.

如果违反排中律的要求，就会犯模棱两不可的逻辑错误.

6.1.4 充足理由律

充足理由律的内容：在同一个思维和论证过程中，一个思想被确定为真，总是有充足理由的.

充足理由律的公式：P 真，因为 q 真，并且由 q 能推出 P.

充足理由律的要求：理由必须真实；理由与推断之间要有逻辑联系.

若违反充足理由律的要求，就会犯"理由虚假"或"推不出"的逻辑错误.

这四种基本规律作为基础，可以帮助我们得出正确的判断.

6.2 逻辑推理常用方法

6.2.1 利用逻辑规律进行推理

对有些逻辑推理问题，可运用语言间的逻辑关系，找到突破口，利用逻辑规律，尤其是矛盾律和排中律直接推理.

例 1 相片在哪里

一国王为美丽的公主选婿，公主将自己照片放到下面三个盒子之一，并在每个盒子外面写了一句话：

红盒：相片在这里

黄盒：相片不在这里

蓝盒：相片不在红盒子里

并告诉参选者，这三句话中只有一句是真的，猜中相片在哪里者进入下一轮竞选. 相片在哪里呢？

分析解答 注意到，红盒上的话"相片在这里"与蓝盒上的话"相片不在红盒子里"相互矛盾，根据矛盾律和排中律，此二句必有一真一假. 根据题设"只有一句是真的"，则黄盒上的话为假，得出相片就在黄盒里.

6.2.2　利用反证法进行推理

所谓反证法，就是先提出与要求证的结论相反的假定，即肯定题设而否定结论，然后从这个假定中经过推理导出矛盾，从而证明原命题的一种方法. 它属于"间接证明法"的一种.

用反证法证题时，如果欲证明的命题的反面情况只有一种，那么只要将这种情况驳倒了就可以，这种反证法又叫"归谬法"；如果结论的反面情况有多种，那么必须将所有的反面情况——驳倒，才能推断原结论成立，这种证法又叫"穷举法".

用反证法证明论题通常有三个步骤：

（1）假设某命题结论成立（或不成立）.

（2）从这个命题出发，经过推理证明得出矛盾.

（3）由矛盾判断该假设错误（或正确），从而肯定命题的结论不成立（或成立）.

例 2　比赛的名次

某次世界杯的四强赛中，小红、小明、小强对 A、B、C、D 四支球队的排名情况做了如下预测：

小红：A 队第一，B 队第三.

小明：C 队第一，D 队第四.

小强：D 队第二，A 队第三.

比赛结束后，三个人都没有完全猜中，又都猜对了一半，那么到底四支球队的排名情况如何呢？

解　注意到，每人都猜对了一半，假设小红的前半句话正确，后半句话错误，即

小红：A 队第一（√），B 队第三（×）；则

小明：C 队第一（×），D 队第四（√）；继而

小强：D 队第二（×），A 队第三（√）.

显然，"A 队第一"与"A 队第三"相互矛盾，所以假设错误. 因此小红的前半句话错误，后半句话正确，即

小红：A 队第一（×），B 队第三（√）；则

小强：D 队第二（√），A 队第三（×）；继而

小明：C 队第一（√），D 队第四（×）.

经过检查符合条件，即有 C 队第一，D 队第二，B 队第三，A 队第四.

6.2.3　借助表格或图形进行推理

某些逻辑推理问题条件多，关系复杂，直接判断有困难，通常可以借助表格把本来凌乱的信息集中整理出来，从而方便推理. 下面我们通过一个简单问题说明借助表格推理的方法.

例 3　三条领带

黄、蓝、白三位先生在一起吃午餐. 他们都穿西装打领带，而且领带颜色也刚好有蓝、白、黄三种，他们一边吃饭一边聊天.

突然，系蓝领带的那位先生说话了："各位有没有发现，我们三个人所系的领带颜色都和自己的姓氏不同耶！"黄先生听到了就说："对呀，你说得一点儿也没错！"

请问：黄、蓝、白先生，各系的是何种颜色的领带呢？

分析解答　这里涉及三位先生和三条领带共两个集合，所以我们先建立一个表格，第一行表示先生，第一列表示领带. 如果先生姓氏和所系领带颜色相符，我们就在相应行与列相交位置的空格内填"1"，否则填"0".

由于三个人所系的领带颜色都和自己的姓氏不同，所以黄先生不系黄领带，蓝先生不系蓝领带，白先生不系白领带，黄先生也不可能系蓝领带，因为这种颜色的领带已由和他说话的那位先生系着. 我们在相应行与列相交位置的空格内填上"0"，于是得到表 6.1.

注意到，三位先生每人都系不同颜色的领带，即三位先生和三条领带这两个集合是一一对应的关系，故上述表格的每行每列都恰含一个"1". 由此，我们在第四行第二列处填"1"，在第三行第四列处填"1"，接着在第

二行第三列处填"1"，其余处填"0". 得到表 6.2.

表 6.1

	黄先生	蓝先生	白先生
黄领带	0		
蓝领带	0	0	
白领带			0

表 6.2

	黄先生	蓝先生	白先生
黄领带	0	1	0
蓝领带	0	0	1
白领带	1	0	0

从表 6.2 便可看出，黄先生系白领带，蓝先生系黄领带，白先生系蓝领带.

有些问题我们还可借助图形进行推理，请看例 4.

例 4　比赛几场

A、B、C、D、E 五支球队进行单循环比赛（每队都要和其他四队各赛一场）. 当比赛进行到一定阶段时，统计 A、B、C、D 四队已经比赛过的场数为：A 队赛过 4 场；B 队赛过 3 场；C 队赛过 2 场；D 队赛过 1 场. 试问哪些球队之间已经比赛过了？E 队这时赛了几场？

分析解答　此题可将 A、B、C、D、E 五支球队表示为 5 个点，两点之间连线表示对应的两队比赛过 1 场，如图 6.1 所示. 显然每队最多比赛了 4 场. 由于 A 队赛过 4 场，说明 A 队和每队都比赛过；D 队赛过 1 场，说明 D 队只和 A 队赛过；再由 B 队赛过 3 场，说明 B 队和除去 D 队的 A、C、E 三队都比赛过；此时 C 队和 A、B 队已赛过 2 场；可得 E 队这时和 A、B 队共赛过 2 场.

需要注意的是，没有一种方法是万能的，很多时候需要各种方法的综合使用，实际上，尤其是较高难度的问题，常常需要"运用之妙，存乎一心".

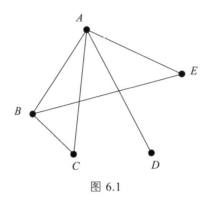

图 6.1

6.3 逻辑推理挑战时间

6.3.1 玻璃是谁打碎的

问题 1 院子里四个小孩 A、B、C、D 在踢球，不小心把某个房间窗户的玻璃打破了，主人询问后得到的回答是：

A 说："B 打破的."

B 说："D 打破的."

C 说："不是我打破的."

D 说："B 撒谎."

后来得知，其中只有一个孩子说了真话，肇事者也只是其中一人. 问：说真话的是谁，肇事者是谁？

分析解答 注意到，B 与 D 的话互相矛盾，必有一真一假. 根据只有一个孩子说了真话这一条件，得到 C 说的是假话，即玻璃是 C 打破的，从而 D 说的是真话.

6.3.2 帽子的颜色

问题 2 猜帽子（1）

过去有三个人是一师之徒，他们都很聪明. 一天老师决定考考他们看谁更聪明，做了一个实验：

三人被蒙上眼睛，告诉他们每人头上都戴了一顶帽子，帽子不是红的就是黑的。在这以后，去掉蒙眼睛的布，要求每个人如果看见别人（一个或两个）戴红帽子就举手，并且谁能断定自己头上帽子的颜色，就马上离开房间。

所有三人碰巧都戴红帽子，因此三人都举了手。几分钟之后，甲离开了。他是怎样推出自己头上帽子颜色的？

分析解答　甲利用了反证法。"我的帽子不是红的就是黑的，如果我的帽子是黑的，则乙就会知道他的帽子是红的，因为只有他的帽子是红色的时候，丙才会举手，那样乙就会离开房间，丙也会做同样推理离开。现在他们都不知道自己帽子颜色，所以我的帽子是红色的。"

问题3　猜帽子（2）

老师让 4 名学生围坐成一圈，另让一名学生坐在中央，并拿出五顶帽子，其中三顶白色，两顶黑色。再让五名学生都戴上眼罩，并给每个学生戴一顶帽子。然后只解开坐在圈上的 4 名学生的眼罩。这时，由于坐在中央的学生的阻挡，每个人只能看到三个人的帽子。老师说："现在，你们五人猜一猜自己戴的帽子颜色。"大家静静地思索了好大一会儿。最后，坐在中央的、被蒙住双眼的学生说："我猜到了。"

问：坐在中央的、被蒙住双眼的学生戴的是什么颜色的帽子？他是怎样猜到的？

分析解答　由于大家静静地思索了好大一会儿，说明圈上的人不能确定自己的帽子颜色，必然是都看到"2 白 1 黑"。假设中间戴黑色帽子，由于共有两顶黑色帽子，则圈上 4 人中必有一人也戴黑色帽子，由此总有人能看见 2 顶黑色帽子，则此人马上能猜出自己的帽子颜色。而此时没人马上猜出，故中间人一定是白帽。进一步，周围戴白色帽子的同学，由于他看到 2 白 1 黑，而白色帽子共 3 顶，所以他对面被坐在中央的学生阻挡的同学必定戴黑色帽子。同理周围戴黑色帽子的同学，他对面被坐在中央的学生阻挡的同学必定戴白色帽子。

6.3.3　实话与谎话

还有一类有名的逻辑智力题是有关说真话假话，请看下面问题.

问题 4　关于"撒谎者"的故事

一个英国探险家到非洲某地探险. 在宿营地附近有两个土著部落，高个子部落和矮个子部落. 已知两个部落中有一个部落成员总是说真话，另一个部落成员则总是说假话. 有一次，探险家在路上遇到两个土人，一个高个子、一个矮个子. 探险家问高个子土人："你是说真话吗？"这个土人回答说："古姆"，探险家知道这个土语意思为"是"或"不是"，但记不清了. 小个子土人会讲英语，就解释说："他说'是的'，但他是个骗子."

试问哪个部落成员说真话，哪个部落成员说假话？

分析解答　对于问题"你是说真话吗？"，不管对方是否说真话都会回答"是"，因此小个子前半句是真话，由此得到小个子说真话，从而高个子说假话.

问题 5　俱乐部有多少人

某俱乐部成员有两种人，一种是永远说实话的老实人，另一种是总说假话的骗子. A 先生去访问时，他们围着圆桌吃饭，他问每个人："你是不是骗子？"结果每个人都回答"不是". 接着他又问每个人："你左邻那人是不是老实人？"结果每个人仍都回答"不是". A 先生回家后，忘了问他们共有多少人，就打电话问俱乐部主席，回答"23 人". 挂上电话后，他又想到忘了问主席是不是骗子，只好重新打电话. 这次接电话的是秘书，他得知 A 先生意思后说："不，桌边有 24 人，主席是个骗子，他的话怎么能信？"

试确定这个俱乐部有多少人？

分析解答　注意到，主席和秘书可能是骗子. 显然二者中一个是老实人，一个是骗子. 解题的关键是从 A 先生的问话及得到的回答考虑. 第一个问题没有实际意义，因为无论是老实人还是骗子对"你是不是骗子？"回答都是"不是". 第二个问题得到全部否定的回答，这表明圆桌边上的人是老实人与骗子相互间隔排列，否则总要有某个人作肯定回答，这样得知人数为偶数. 但主席说有 23 人，推出主席是骗子. 因此秘书是老实人，从而俱乐部人数为 24.

问题 6 谁是魔鬼

天使永远说真话，魔鬼永远说假话，人有时说真话有时说假话。现有天使、魔鬼和人各一位，分别穿着红衣服、蓝衣服和白衣服。他们各自叙述如下：

红衣服："我不是魔鬼。"

蓝衣服："我不是天使。"

白衣服："我不是人。"

请问哪个是天使，哪个是魔鬼，哪个是人？

分析解答 假设穿蓝衣服者说的话为假话，则穿蓝衣服者为天使，这与天使永远说真话矛盾，故穿蓝衣服者不是天使，而所说话为真，因此穿蓝衣服者为人。接着可推出穿白衣服者所说的话为真，故穿白衣服者为天使，穿红衣服者为魔鬼。

问题 7 诚实者和说谎者

我们去寻找宝藏，遇到了两扇门，宝藏在其中一扇门的后面，但是另一扇门是万劫不复的深渊。我们只能打开其中一扇门，要么拿到宝藏，要么万劫不复。现在这两扇门旁边坐着两个人，这两个人都知道哪扇门后面有宝藏，也都知道哪扇门后面是万劫不复的深渊，但是这两个人中有一个只讲真话，另一个只讲假话，可是我们不知道那两人谁讲真话谁讲假话。

现在我们只有问其中一个人一个问题的机会，为了能够拿到宝藏，我们应该怎么问？问谁？

分析解答 我们可以随便选其中一个人问：另一个人会指出哪扇门后面是有宝藏的？

设门 1 后是宝藏，门 2 后是深渊，A 为诚实者，B 为说谎者。

宝藏　　门 1　　　　　门 2　　深渊

A☺诚实者　　　　　B☺说谎者

若问到 A，得到的答案是：B 会说门 2 后面会有宝藏；

若问到 B，得到的答案是：A 会说门 2 后面会有宝藏。

即我们将这个问题无论问哪一个人，得到的答案都指向那扇错误的门。

6.3.4　箱子上的标签

问题 8　有三个筐，一个筐装着柑子，一个筐装着苹果，一个筐混装着柑子和苹果．装完后封好筐，然后做了"柑子""苹果""混装"三个标签，分别往上述三个筐上贴．由于马虎，结果全都贴错了．

请你想一个办法，只许从某一个筐中拿出一个水果查看，就能够纠正所有的标签．

分析解答　先从贴"混装"的那个箱子看，如果拿出来的是苹果，那么这个箱子里应该是苹果．那么贴"柑子"的箱子里装的既不是柑子，也不是苹果，则应是混装，最后贴"苹果"的就应是柑子了．同理，如果从贴"混装"的箱子中拿出的是柑子，那么这个箱子里是柑子，贴"苹果"的箱子里是混装，贴"柑子"的就是苹果了．

6.3.5　职业与姓氏

问题 9　职业是什么

卢刚、丁飞和陈瑜三位，一位是工程师，一位是医生，一位是飞行员．现在知道：

① 卢刚和医生不同岁；

② 医生比丁飞年龄小；

③ 陈瑜比飞行员年龄大．

问三人的职业各是什么？

分析解答　这里涉及三个人和三个职业，首先我们建立一个表格，第一行表示职业，第一列表示人．

从人的职业看，由①得到，卢刚不是医生，在卢刚和医生对应行列相交位置填"0"；由②，丁飞也不是医生，在丁飞和医生对应行列相交位置填"0"；由于医生一列已有两个 0，由此，在医生与陈瑜对应行列相交位置填"1"，得到陈瑜是医生．

从人的年龄看，由②③，丁飞年龄>医生（陈瑜）年龄>飞行员年龄，所以丁飞不是飞行员，在丁飞和飞行员对应行列相交位置填"0"，得表 6.3.

再根据填表法则，表格的每行每列都恰含一个"1"，就可以得到最终表 6.4.

表 6.3

	工程师	医生	飞行员
卢刚		0	
丁飞		0	0
陈瑜		1	

表 6.4

	工程师	医生	飞行员
卢刚	0	0	1
丁飞	1	0	0
陈瑜	0	1	0

即丁飞是工程师，陈瑜是医生，卢刚是飞行员.

问题 10 读什么专业

朋友有三个儿子，分别在清华、北大、科大读书，三人读不同的专业.

① 老大不在北大；

② 老二不在清华；

③ 在北大的不读数学；

④ 在清华的读化学；

⑤ 老二不读物理.

问：老三在哪里读书，读什么专业？

分析解答 这个问题涉及儿子、学校、专业三个集合，我们通常需要借助两张表格进行推理. 也可将两张表格合成如下表格（表 6.5），并根据已知条件①②⑤，很容易填写出如下信息.

表 6.5

	清华	北大	科大	数学	物理	化学
老大		0				
老二	0				0	
老三						

根据条件②④，老二不读化学，由此老二读数学，得到表 6.6.

表 6.6

	清华	北大	科大	数学	物理	化学
老大		0				
老二	0			1	0	0
老三						

又根据条件③，老二不在北大，而在科大. 这样老三在北大，老大在清华，得到表 6.7.

表 6.7

	清华	北大	科大	数学	物理	化学
老大	1	0				
老二	0	0	1	1	0	0
老三		1				

最终结果如表 6.8 所示.

表 6.8

	清华	北大	科大	数学	物理	化学
老大	1	0	0	0	0	1
老二	0	0	1	1	0	0
老三	0	1	0	0	1	0

综上，老三在北大读物理.

问题 11 科学家到底姓什么

少先队要去采访一位电子科学家，可他们不知道科学家姓什么. 看门的老伯伯说了下面一段话，请他们猜猜科学家姓什么. 老伯伯说，二楼住着分别姓李、王、张的三位科技会议代表，一位是科学家，一位是技术员，一位是科技杂志编辑. 二楼还住着三位来自不同地方的旅客也姓李、王、张.

① 姓李的旅客来自北京；

② 技术员在广州一家工厂工作；

③ 姓王的旅客说话有口吃的毛病；

④ 与技术员同姓的旅客来自上海；

⑤ 技术员和一位教师旅客来自同一个城市；

⑥ 姓张的代表比赛乒乓球总是输给编辑.

分析解答 这个问题条件多，关系复杂，我们需要借助两张表格进行推理，一张是代表的，一张是旅客的.

由条件①，姓李的旅客来自北京；由②⑤③可知，教师旅客来自广州，姓王的旅客不是教师，所以姓王的旅客不是来自广州. 这时根据旅客与地方两个集合一一对应，就可填好旅客信息表.

旅客信息表

	北京	上海	广州
张			
王			0
李	1		

→

旅客信息表

	北京	上海	广州
张	0	0	1
王	0	1	0
李	1	0	0

由旅客信息表就可填出代表信表. 由④知技术员姓王，由⑥知编辑不姓张，故姓李，从而科学家姓张.

代表信息表

	科学家	技术员	编辑
张	1	0	0
王	0	1	0
李	0	0	1

6.3.6 请你当侦探

问题 12 谁是凶手

艾丽斯，艾丽斯的丈夫，他们的儿子，他们的女儿，还有艾丽斯的哥哥，卷入一桩谋杀案. 这五人中的一人杀了其余四人中的一人. 这五人的有关情况是：

① 在谋杀发生时，有一男一女两人正在一家酒吧里；

② 在谋杀发生时，凶手和被害者两人正在一个海滩上；

③ 在谋杀发生时，两个子女中的一个正一人独处；

④ 在谋杀发生时，艾丽斯和她的丈夫不在一起；

⑤ 被害者的孪生同胞是无罪的；

⑥ 凶手比被害者年轻.

这五人之中，谁是被害者？

分析 根据①②③，谋杀发生时，得到有关这三男两女共五个人所在地点的情况，于是根据④，或者是艾丽斯的丈夫在酒吧，艾丽斯在海滩；或者是艾丽斯在酒吧，艾丽斯的丈夫在海滩.

如果艾丽斯的丈夫在酒吧，那么和他在一起的女人一定是他的女儿，一人独处的是他的儿子，而在海滩的是艾丽斯和她的哥哥. 于是艾丽斯和她的哥哥两人中，一人是被害者，另一人是凶手. 但是根据⑤，被害者有一个孪生同胞，而且这个孪生同胞是无罪的. 因为现在只有艾丽斯和她的哥哥才可能是这对孪生同胞，因此这种情况是不可能的. 所以艾丽斯的丈夫不在酒吧.

因此，在酒吧的是艾丽斯. 如果艾丽斯在酒吧，那么同她在一起的或者是她的哥哥或者是她的儿子.

如果她是同她的哥哥在一起，那么她的丈夫和一个子女在海滩. 根据⑤，被害者不可能是她的丈夫，因为其他人中没有人可能是他的孪生同胞，从而凶手是她的丈夫，被害者是一个子女. 但这种情况也是不可能的，因为这同⑥相矛盾. 因此，艾丽斯在酒吧不是同她的哥哥在一起，而是同她的儿子在一起.

于是，一人独处的是她的女儿. 所以，艾丽斯的丈夫是和艾丽斯的哥哥在海滩.

根据与前面同样的道理，被害者不可能是艾丽斯的丈夫. 但艾丽斯的哥哥却可以是被害者，因为艾丽斯可以是他的孪生同胞. 因此艾丽斯的哥哥是被害者.

思考练习

1. 甲、乙、丙、丁 4 人在争论今天是星期几.

甲说：明天是星期五.

乙说：昨天是星期日.

丙说：你俩说的都不对.

丁说：今天不是星期六.

实际上这4个人只有一个人说对了，那么请问今天是星期几？

2. 有8个人，每人都讲了一句话：

赵："我们8人中，只有1人讲假话".

钱："我们8人中，只有2人讲假话".

孙："我们8人中，只有3人讲假话".

李："我们8人中，共有4人讲假话".

周："我们8人中，共有5人讲假话".

吴："我们8人中，共有6人讲假话".

郑："我们8人中，共有7人讲假话".

王："我们8人中，讲的全是假话".

试判断这8人中，谁讲的是真话？

3. 有500人聚会，其中至少有一人说假话，这500人里任意两个人总有一个说真话. 说真话、假话各几人？

4. 小李、小徐和小张是同学，大学毕业后分别当了教师、数学家和工程师. 小张年龄比工程师大；小李和数学家不同岁；数学家比小徐年龄小. 谁是教师，谁是数学家，谁是工程师？

5. 已知张新、李敏、王强三位同学分别在北京、苏州、南京的大学学习化学、地理、物理.

① 张新不在北京学习；

② 李敏不在苏州学习；

③ 在北京学习的同学不学物理；

④ 在苏州学习的同学是学化学的；

⑤ 李敏不学地理.

三位同学各在什么城市学什么？

6. 史密斯、琼斯和鲁宾逊三人同乘一列火车，他们的职业分别为工程师、司闸员和消防员，但不一定是按上面顺序. 火车上还有三个乘客分别与他们三人同姓，为了以示区别，在这些乘客的姓后加上"先生".

① 鲁宾逊先生居住在洛杉矶；

② 司闸员住在奥马哈；

③ 琼斯先生早把高中学的代数忘得一干二净；

④ 与司闸员同姓的乘客住在芝加哥；

⑤ 司闸员和另外三位乘客中的一位出类拔萃的数学物理学家在同一个教堂做礼拜；

⑥ 史密斯在台球比赛中击败了消防员.

请问谁是工程师？

第 7 章
机灵的小白鼠与约瑟夫斯问题

7.1 机灵的小白鼠

7.1.1 大花猫和小白鼠的故事（1）

大花猫 Tom 是捕鼠能手，每天要抓到不少老鼠．但它在吃老鼠以前，先要把老鼠排成一条直线，列队报数．从 1 号开始，吃一个隔一个，从排头吃到排尾，即第一批吃掉报单数的，剩下的老鼠从排头开始重新报数；第二批，仍吃掉报单数的；第三批也是如此，……最后剩下的一只老鼠可以被保留，与第二天抓来的老鼠一起重新排队报数．

大花猫 Tom 发现，一连好几天，最后被留下的总是同一只小白鼠，这是一件极其有趣的事情．

大花猫就问小白鼠："你叫什么?想了什么办法，能每天都留下呢？"

小白鼠说："尊敬的大花猫先生，我叫 Jerry，每天排队前我都先数一数你抓到了多少只老鼠，然后，我站在一个相应的位置，就可以留下来了．"

大花猫 Tom 听了小白鼠的详细回答，很感叹地说："没想到，害人的老鼠里居然也有你这样聪明的小白鼠呀!"

小白鼠行了一个礼，恭敬地说："尊敬的大花猫先生，不瞒您说，我并不是害人的老鼠，我是从科学家的实验室里溜出来玩的，您放我回去，好吗？"

大花猫高兴地放它回去，临别的时候，大花猫还感谢小白鼠 Jerry 给它上了一节生动的数学课呢！

小白鼠 Jerry 每天应站在什么位置才能不被大花猫吃掉？为了方便，我们假设第一天共有 20 只老鼠排队，第二天是 40 只，第三天是 100 只，你来试着排排吧.

分析 大花猫第一批吃掉序数是单数的老鼠，留下序数是双数，也就是序数能被 2 整除的老鼠（如 2，4，6，8，…，14，…）. 第一批吃完后，2，4，6，8，10，…这些序数需要重新编号，把它们全部用 2 去除，得到 1，2，3，…，这是第二轮编的号码. 第二批要被吃掉的老鼠是重新编号的奇数号码. 剩下原序数为 4，8，12，…的老鼠. 所以，如果序数中有尽可能多的因数 2，老鼠就安全了. 聪明的小白鼠就专拣这样的位置站.

比如 20 只老鼠排队，站第 16 个（$2 \times 2 \times 2 \times 2 = 2^4$）.

40 只老鼠排队，站第 32 个（$2 \times 2 \times 2 \times 2 \times 2 = 2^5$）.

100 只老鼠排队，站第 64 个（2^6）.

事实上，如果我们能把某一只老鼠的序数化成二进制数，就立刻可以知道它将在第几批被吃掉了.

如第 12 只老鼠，将 12 化成二进制数是 1100，从右起第一、二位是"0"，所以它在第一批、第二批都留下. 而第三位出了"1"，它肯定在第三批被吃掉.

7.1.2　大花猫和小白鼠的故事（2）

一天，大花猫 Tom 又抓了 100 只老鼠，很不幸，这次小白鼠 Jerry 又被抓住了. 这次 Tom 将抓来的老鼠排成一排，决定从 1 号开始，吃两个隔一个，这样吃下去，直到剩下的老鼠不足 3 个，那么这次小白鼠 Jerry 该站在哪里呢？

道理同上，这次小白鼠 Jerry 应该站在序数中有尽可能多的因数 3 的位置，即 $3^4 = 81$ 号位置.

7.1.3　大花猫和小白鼠的故事（3）

又有一天，Tom 抓了 64 只老鼠，很不幸，Jerry 又被抓住了. 这一次，Tom 决定把老鼠排成一个圆圈，从 1 到 64 号编了号，从 1 号开始吃，吃一个隔一个，一圈一圈地吃下去，直到只剩下最后一个的时候就放掉．那么这一次，Jerry 该站到哪个位置，才能保证不被 Tom 吃掉呢？

分析 每次吃掉一半，剩下的始终是偶数，所以和排成一条直线是一样的，最后剩下的必然是 64 号，故 Jerry 应该站到 64 号位置．

假如有 65 只老鼠，Jerry 继续站到前面的位置，大花猫还是按上述的方法吃，最后还会剩下 Jerry 吗？66 只呢？

分析 不是．有 65 只老鼠时，因为第一个即 1 号被吃后，第二个被吃的必然是 3 号．若把 1 号排除在外，剩下 64 只，新 1 号就是原来的 3 号．这样原来的 2 号就变成了新的 64 号，所以剩下的是 2 号（即最后剩下的一个由原先的位置沿圆圈向前移动 2 个位置）．有 66 只老鼠时，因为第 1、3 号被吃后，剩下的仍是 64 只，新 1 号就是原来的 5 号．这样原来的 4 号就变成了新的 64 号，所以剩下的是 4 号（即最后剩下的一个由原先的位置沿圆圈向前移动 4 个位置）．

进一步的分析不难发现：

如果原来有 2^k 个，$k = 1, 2, \cdots$，最后剩下的必然是 2^k 号．

设总数 n 满足 $2^k < n < 2^{k+1}$，$k = 1, 2, \cdots$．

首先考虑最简单的情况 $n = 2^k + 1$．在 1 号被吃后，总数就变成 2^k 了．接下来第一个被吃的当然是 3 号，将 3 号看成新 1 号，2 号就是第 2^k 个，故最后留下的应当是 2 号．设总数是 n 时，最后留下的是 X 号，那么总数是 $n+1$ 时，最后留下的一定是 $X+2$ 号．因此每增加一个老鼠，最后留下的老鼠的号数就增加 2．$2^k + 1$ 个老鼠，最后留下 2 号；$2^k + 2$ 个老鼠，最后留下 4 号，依此类推，$2^k + m$（$m < 2^k$）个老鼠，最后留下的是 $2m$ 号．换句话说，若个数是 n，$2^k < n < 2^{k+1}$，那最后留下的就是 $2(n - 2^k)$ 号．

7.1.4 大花猫和小白鼠的故事（4）

一天，Tom 抓了 99 只老鼠．这一次，Tom 决定把老鼠排成一个圆，从 1 到 99 号编了号，从 1 号开始，隔一个吃两个，一圈一圈地吃下去，直到只剩下最后一个的时候就放掉．那么这一次，最后哪只老鼠是幸运儿呢？

分析　如果有 3^k 个数，那么转一圈去掉 $\dfrac{2}{3}$，剩下 3^{k-1} 个数，起始数还是 1. 再转一圈去掉剩下的 $\dfrac{2}{3}$，又剩下 3^{k-2} 个数，起始数还是 1，……，转了 k 圈后，就剩下一个数——1 号. 因为 $99=81+18$，要剩 81 个，必须吃掉 18 只，若一组 3 个数，一组吃 2 个，吃掉第 18 只时，越过 9 组，最后吃掉的是 $9\times3=27$ 号，下一个起始数为 28，即最后剩下的应是 28 号.

7.2　约瑟夫斯问题介绍

如前面我们研究的，对一个物体进行周期性计数的问题称为约瑟夫斯问题（也称丢手绢问题）.

7.2.1　约瑟夫斯问题的起源

约瑟夫斯是公元 1 世纪的犹太历史学家，他领导了反抗罗马人的武装起义，但是失败了. 据说在罗马人占领乔塔帕特后，他和一个朋友及 39 名犹太士兵被罗马人围困在一个山洞中. 这 39 个士兵宁死不屈，决定杀身成仁. 但约瑟夫斯和他的朋友不是这样想，但又不便公开反对，于是提出一个方法，就是 41 个人站成一个圈，从某人开始按"1，2，3"依次报数，凡报到"3"的人就让大家成全他升天，然后再由下一个重新报数，这样下去直到剩下最后一个人，这个人就自杀. 大家都没有意见，于是约瑟夫斯将朋友与自己安排在第 16 个与第 31 个位置. 结果 39 名犹太士兵都死了，剩下他和朋友活下来投降了罗马人. 这就是约瑟夫斯问题的最初来源.

约瑟夫斯问题的通常提法是这样的：

设有 n 个人，以 1，2，3，$\cdots$，n 编号，按编号顺序排列，围成一圈，从 1 号开始数起，每数到 m 就淘汰一人，则最后淘汰的人是几号？

需要注意的是，约瑟夫斯问题的通常提法与大花猫和小白鼠的故事（4）不尽相同. 假设有 3^n 个数，按"1，2，3"依次报数，约瑟夫斯问题是每转

一圈去掉 $\frac{1}{3}$，剩下 $\frac{2}{3}$．转 k 圈，则剩下 $3^n \cdot \left(\frac{2}{3}\right)^k = 3^{n-k} \cdot 2^k$ 个数，当 $n = k$ 时，剩下的数不再是 3 的倍数，故后面起始数就变了．

7.2.2 约瑟夫斯问题的解决

约瑟夫斯问题复杂，但并不太难，求解的方法很多，一般都是利用计算机编程来做．约瑟夫斯问题对于 n 小的情况，只要画两个圆圈，笔算就可以解决，这两个圆内圈是排列顺序，而外圈是淘汰顺序．

我们还有如下定理：

定理 n 个人排成一个封闭的圆圈，从任意一个人开始绕着圆圈不断地从 1 往下数，每数到第 m 个人就把他剔出去，直到剩下最后 1 个人为止．假定这些人中最后剩下的那个人开始占着第 a_n 个位置，如果增添一个人，即开始有 $n+1$ 个人，那么，他开始应该占据第 a_{n+1} 个位置，则

$$a_{n+1} \equiv a_n + m(\bmod(n+1)).$$

证明 用数学归纳法．

当 $n = 1$，即只有一个人时，$a_1 = 1$．

当有两个人时，若 m 为奇数，最后剩下的人是 2 号；若 m 为偶数，最后剩下的人是 1 号，即

$$a_2 \equiv a_1 + m(\bmod 2) \equiv 1 + m(\bmod 2).$$

设当有 $n(n \geqslant 2)$ 个人时，

$$a_n \equiv a_{n-1} + m(\bmod n)$$

成立，则当增加到 $n+1$ 个人时，最后剩下的人须由原先的位置沿圆圈向前移动 m 个位置，即 $a_{n+1} = a_n + m$．但这时总共有 $n+1$ 个位置，所以当 $a_n + m > n+1$ 时，这个人应该改占第 $a_n + m - (n+1)$ 个位置，用公式表示为

$$a_{n+1} \equiv a_n + m(\bmod(n+1)).$$

借助计算机，利用上述定理中的递推公式，求解约瑟夫斯问题是很容易实现的．

下面我们来看一开始提到的约瑟夫斯问题．

解 根据定理，$m = 3$，最后剩下的人可做如下推理：

$$a_1 = 1 ，$$

$$a_2 \equiv 1 + 3 (\mathrm{mod}\, 2) \equiv 2 (\mathrm{mod}\, 2) ，$$

$$a_3 \equiv a_2 + 3 (\mathrm{mod}\, 3) \equiv 5 (\mathrm{mod}\, 3) \equiv 2 (\mathrm{mod}\, 3) ，$$

$$a_4 \equiv a_3 + 3 (\mathrm{mod}\, 4) \equiv 5 (\mathrm{mod}\, 4) \equiv 1 (\mathrm{mod}\, 4) ，$$

$$\cdots\cdots ，$$

$$a_{41} \equiv a_{40} + 3 (\mathrm{mod}\, 41) \equiv 31 (\mathrm{mod}\, 41) .$$

即最后剩下的人开始应在第 31 号位置上.

倒数第二个人可做如下推理:

$$a_2 \equiv 1 (\mathrm{mod}\, 2) ，$$

$$a_3 \equiv a_2 + 3 (\mathrm{mod}\, 3) \equiv 1 (\mathrm{mod}\, 3) ，$$

$$a_4 \equiv a_3 + 3 (\mathrm{mod}\, 4) \equiv 4 (\mathrm{mod}\, 4) ，$$

$$\cdots\cdots ，$$

$$a_{41} \equiv a_{40} + 3 (\mathrm{mod}\, 41) \equiv 16 (\mathrm{mod}\, 41) .$$

即最后剩下的倒数第二个人开始应在第 16 号位置上.

7.3 约瑟夫斯问题有关的趣题

涉及约瑟夫斯问题的趣题有很多, 如 17 世纪的法国数学家加斯帕在《数目的游戏问题》中讲了下面这个故事.

7.3.1 遇险的游客

同乘一条船的 30 名游客在深海上遇险, 风大浪高, 此时必须将一半的人投入海中, 其余的人才能幸免于难. 大家经过共同商议, 最后决定: 30 个人围成一圆圈, 从某个人开始从 1 往下依次点数, 每数到 9 就把那个人扔入大海, 如此循环进行, 直到仅余 15 个人为止. 问: 哪些位置的人是能留下来的幸运儿呢?

解 根据定理, 可递推算出最后剩下的人在第 $a_{30} \equiv 21 (\mathrm{mod}\, 30)$ 位. 设 A 代表留下来的游客, B 代表被扔下船的游客, 留下来的 15 人占据的位置是

AAAABBBBBAABAAABABBAABBBABBBAAB

请你用画圈的办法检验，结果一样吗？

7.3.2　富商与妻子

从前有一位富商，他有 30 个孩子，其中 15 个是已故的前妻所生，其余 15 个是现在妻子所生.妻子很想让她自己所生的最年长的儿子继承财产，于是有一天对这位富商说：“亲爱的，你就要老了，我们应当定下来谁将是你的继承人. 现在让我们把我们的 30 个孩了排成一个圆圈，从他们中的一个数起，每逢 10 就让那个孩子站出去，直到最后剩下的那个孩子，他就作为你的财产继承人吧！”

这个建议似乎没有什么不公之处，然而当剔选过程不断进行下去的时候，这个富商愈来愈感到惊诧，因为他注意到前 14 个被剔出去的孩子都是前妻所生，而下一个将要站出去的仍是前妻所生的孩子. 所以他马上叫停，提出从这个孩子（最后一个前妻的孩子）开始倒回去数看看情况如何. 妻子迫于马上要做出决定，并且想到她的孩子们有 15 比 1 的有利机会，他的妻子立即同意了丈夫的动议，到底谁做了继承人呢？

解　根据定理，最后剩下的人在第 $a_{16} \equiv 1 (\bmod 16)$ 位. 即最后一个前妻的孩子做了继承人.

7.3.3　国王与公主

一位富有的国王有一位漂亮的公主，她的名字叫约瑟芬. 向约瑟芬求婚的小伙子成百上千，最后，除了她选中的 10 个她最喜欢的人之外，其他人都被排除了.

几个月过去了，约瑟芬还没有拿定主意. 国王生气了，他说：“宝贝，下个月你就 17 岁了，所有公主都要在这个年龄前结婚，这是我们的传统.”

她答道：“爸爸，可我还没最后决定我是否最喜欢乔治.”

国王说：“既然如此，今天我们只好通过惯例来解决这个问题.”

接着，国王解释了这个古老仪式的进行方式. 他说：“10 个人围成一个圆圈，你可以根据你的意愿挑选任何一个人作为 1，然后开始沿着圆周按顺时针方向数数，数到你的年龄 17 为止，第 17 个人必须退出这个圈. 我们给他 100 金币作为补偿，送他回家."

"他走后，你再从已退出那人的下一位数起，再从 1 数到 17，数到 17 的那个人像前面一样被排除掉. 依此继续下去，每次都是对剩下的人，周而复始地从 1 数到 17，直到剩下最后一个，他就是要和你结婚的那个人."

约瑟芬皱着眉说："爸爸，我还没搞清楚，我用 10 个金币做一下演习好吗？"

国王同意了. 约瑟芬把 10 枚金币摆成一个圆圈，开始转圈数数. 拿掉每一个第 17 枚，直到剩下最后一个. 国王一直守候着，直到他女儿完全看清了其中的奥妙为止.

10 名求婚者被带到王宫，他们围着约瑟芬站成了一个圆圈. 约瑟芬一点也不含糊地从帕西瓦开始数了起来. 很快地，除了她芳心暗许的乔治外，其余的人都被排除了. 那么约瑟芬有什么诀窍使她能找到开始数的第一个人，且使得数到最后一定剩下乔治呢？

解 根据定理，最后剩下的人在第 $a_{10} \equiv 3 \pmod{10}$ 位，即约瑟芬将她喜欢的乔治排在第 3 位.

请你用画圈的办法进行验证.

第8章
趣味对策问题

在日常生活中，经常会看到一些相互之间斗争或竞争的行为. 具有竞争或对抗性质的行为称为对策行为. 在这类行为中，各方为了达到各自的目标和利益，必须考虑对手的各种可能的行动方案，并力图选取对自己最有利或最为合理的方案. 对策论就是研究对策行为中争斗各方是否存在最合理的行动方案，以及如何找到这个合理的行动方案的数学理论和方法.

对策论亦称博弈论或竞赛论，它既是现代数学的一个新的分支，也是运筹学的一个重要学科.

对策论思想古已有之. 大家都熟悉"田忌与齐王赛马"的故事，田忌听从孙膑献策，先用下等马对齐威王的上等马，再用上等马对齐威王的中等马，又用自己的中等马对齐威王的下等马，于是田忌以两胜一负的成绩胜了齐威王. 中国古代的《孙子兵法》等著作不仅是一部军事著作，而且是最早的一部对策论著作.

生活中小至下棋、打桥牌、玩游戏，大至体育比赛、军事较量等，许许多多都蕴含着对策论思想，人们在竞赛和争斗中总是希望自己或自己的一方获胜，这就要求参与竞争的双方都要制定出自己的策略，这就是所谓的"知己知彼，百战不殆". 哪一方的策略更胜一筹，哪一方就会取得最终的胜利.

本节我们来介绍这方面的趣味问题.

8.1 渡河问题

例 1 一个大和尚带着两个小和尚去河对岸的寺院. 河上没有桥，他们又都不会游泳. 为了过河, 他们找来一只空船, 船最多载重 50 千克, 而大和尚正好重 50 千克, 两个小和尚各重 25 千克. 问: 他们怎么才能全部过河?

此问题很容易得出过河方案.

例 2 一个农夫带着一只狼、一只羊和一棵大白菜准备过河, 可是, 仅有一只小船, 他每次只能带一样东西过河. 如果没有农夫看着, 那么狼会吃掉羊, 羊会吃掉大白菜. 农夫怎样才能把狼、羊和白菜完好无损地全部运过河呢?

解 农夫应先把羊运过河, 回来后再把狼运过河, 把羊运回来, 然后, 把大白菜运过河, 最后, 把羊再次运过河.

现在的问题是, 假如我们不知道这个答案, 如何遵循一定方法找到渡河方案呢?

现以 F, W, S 和 C 分别代表农夫、狼、羊和白菜. 我们用 [FWSC,) 来表示初始状态, 用 (, FWSC] 表示终止状态. 一般说来, 一个状态可以用三个因素来刻画: 两岸上参与渡河的人和物的集合, 以及船的位置. 对该问题来说, 只有农夫会摆船, 因此船一定在农夫所在的岸一边. 我们用逗号表示河, 用中括号表示船所在的一边. 例如, (WC, FS] 表示狼和白菜在河左边, 农夫和羊在河右边, 船也在河右边. 对该问题来说, 存在如下十个允许状态:

[FWSC,), (, FWSC], [FS, WC), (WC, FS], [FWS, C),

(C, FWS], [FSC, W), (W, FSC], [FWC, S), (S, FWC].

将每个状态对应于一个点. 如果一个状态可以经过一次摆渡转换为另一个状态, 那么在这两个状态之间连一条边. 例如, 农夫将羊从左岸运到右岸, [FWSC,) 就可以转换为 (WC, FS]. 注意, 这种转换是可逆的. 也就是说, 如果农夫将羊从右岸运到左岸, 那么 (WC, FS] 也可以转换为 [FWSC,). 因此我们采用无向边. 图 8.1 是这样构造出的一个二分图也称状态转换图. 问题的解可以由从初始状态到终止状态的一条路来表达. 从图 8.1 中很容易看出, 有两个简单解, 分别由两条简单路, 亦即无圈的路表示:

[FWSC,) —（ WC, FS]—[FWC, S ）—（ C, FWS]—[FSC, W ）—（ S, FWC]—[FS, WC ）—（, FWSC];

[FWSC,) —（ WC, FS]—[FWC, S ）—（ W, FSC]—[FWS, C ）—（ S, FWC]—[FS, WC ）—（, FWSC].

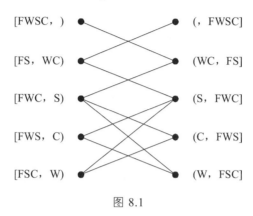

图 8.1

可见，渡河问题可以用如下步骤来求解：

（1）弄清允许状态和允许转换，构造状态转换图.

（2）在状态转换图中找出从初始状态到终止状态的一条路.

我们再来看下面问题.

例 3　三个老道在河的西岸，想到东岸去. 三个和尚在河的东岸，要到西岸去. 河中只有一只小船，可以坐两个人，停在西岸. 但是只有一个老道和一个和尚会摆船. 由于某种原因，无论在岸上还是在船上，老道的人数都不准超过和尚人数. 你能找出摆渡方法吗？

解　以 A 表示那个会划船的老道，B 表示那个会划船的和尚，C 表示一个不会划船的老道，D 表示一个不会划船的和尚. 那么，初始状态是[ACC, BDD），终止状态是（BDD，ACC]或[BDD，ACC）.

图 8.2 是该问题的部分状态转换图. 从图 8.2 容易发现，存在由初始状态到终止状态之一的一条路

[ACC, BDD ）—（ CC, ABDD]—[CCBD, AD ）—（ CD, ACBD]—[ACBD, CD ）—（ AD, CCBD]—[ABDD, CC ）—（ BDD, ACC].

这是不是唯一解呢？想一想.

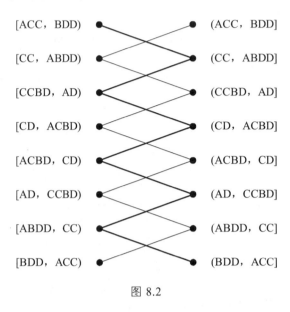

图 8.2

8.2 尼姆游戏及类似的游戏

例 4 甲、乙两人轮流在 2000 粒石子中取走 1 粒、3 粒、5 粒或 7 粒石子. 若甲先取，乙后取，取到最后一粒石子者为胜. 甲、乙两人谁能获胜？

分析 2000 是偶数，甲先取奇数粒，剩下的是奇数；乙再取奇数粒，剩下的是偶数. 接着甲再取. 由于每次取的必须是奇数粒，所以甲不可能取走最后一粒，乙才可能取走最后一粒. 故乙必胜.

例 5 设有 30 枚棋子，甲、乙两人轮流取，每人一次可取 1 枚或 2 枚棋子，谁取到最后一个棋子谁胜. 问：

① 若甲先取，甲有必胜办法吗？

② 若有 50 枚棋子，仍按上规则进行，甲又该如何取才能获胜呢？

③ 若每人一次最少取 1 枚，最多取 3 枚棋子，该如何取呢？

④ 若规定谁取到最后一枚棋子谁输，又该如何取胜呢？

分析 这类问题我们可以采用逆向思考. 对①②,要想取到最后一枚棋子,按照规则,自己上一次取后留下的棋子数不能是 1 或 2,至少为 3. 如果留下 3 枚,那么不论对方取 1 枚还是 2 枚,自己必定能将剩下的 2 枚或 1 枚棋子取完. 我们把这种不论对方如何操作,自己总能取胜的残局叫作"赢局". "给对方留下 3 枚"就是你的赢局. 同样的分析知道,要想取得这一赢局,前一次取后应当留下 6 枚. 依此类推,每次应给对方留下 3,6,9,12,…枚棋子. 即留下 3 的倍数枚棋子就是赢局.

若每人一次最少取 1 枚,最多取 3 枚,每次应给对方留下 4,8,12,16,…枚棋子,即留下 4 的倍数枚棋子就是赢局.

若规定谁取到最后一枚棋子谁输,只要想办法取到倒数第二枚棋子即可.

此游戏称为**巴什博弈**. 有一堆 n 个物品,两个人轮流从这堆物品中取物,规定每次至少取一个,最多取 m 个,最后取光者得胜.

一般地,若 $n = (m+1) \cdot r$,$n,m,r \in \mathbf{N}^+$,则后取者必胜. 显然,如果 $n = m+1$,那么由于一次最多只能取 m 个,所以无论先取者拿走多少个,后取者都能够一次拿走剩余的物品,后者取胜. 依次递推可得到,每次只要给对手留下 $(m+1)$ 的倍数个物品,就是赢局. 即如果先取者拿走 $k(\leqslant m)$ 个物品,那么后取者就拿走 $m+1-k$ 个物品,始终保持这样的取法,那么后取者必胜.

如果 $n = (m+1) \cdot r + s$,$n,m,r,s \in \mathbf{N}^+$,且 $0 < s \leqslant m$,则先取者必胜. 先取者只需拿走 s 个物品,这样就给对手留下 $(m+1)$ 的倍数个物品了.

例 6 设有 30 枚棋子,分成两堆,一堆 19 枚,一堆 11 枚. 甲、乙两人轮流从中取走 1 枚或 2 枚,但每次只能在一堆中取,谁取到最后一枚棋子谁获胜. 如果甲先取,有没有必胜的诀窍?

分析 首先考虑一个极端情况:假如其中一堆全部取完了,那么按照一堆棋子情况的讨论,赢局就是另一堆剩下 3 的倍数枚棋子. 但是如何保证一堆取完后,另一堆剩下的恰好是 3 的倍数枚呢? 其实,只要使得两堆棋子数除以 3 所得余数相同即可. 接下来对方在其中一堆中取走几枚棋子,你就从另一堆中取走同样多枚棋子,这样就能始终保持留下的两堆棋子数除以 3 的余数相同. 从而当一堆取完(余数为 0)后,另一堆棋子数就是 3 的倍数. 所以有在两堆棋子的情况下,给对方留下两堆棋子数除以 3 所得余数相同，就是赢局.

由此，先取者甲应先在 11 枚这堆，取走 1 枚，这时两堆棋子数除以 3 的余数相同. 以后无论乙在哪堆取几枚，甲就在另一堆取同样的枚数. 先取者甲肯定获胜.

承例 6，设有两堆棋子，一堆 15 枚，一堆 10 枚. 甲、乙两人轮流从中取走一枚或几枚甚至一堆，但每次只能在一堆中取棋子，谁取走最后一枚谁获胜. 如果甲先取，问甲如何才能获胜?

对此，只要甲先取 15 枚那堆中的 5 枚，使两堆数量相同. 然后乙从哪堆中取多少枚，甲就在另一堆中取走和乙相同的枚数. 则甲肯定获胜.

此游戏属于威佐夫博弈.

威佐夫博弈：有两堆各若干个物品，两个人轮流从某一堆或同时从两堆中取走同样多的物品，规定每次至少取一个，多者不限，最后取光者得胜.

由以上定义，合法的取法有如下两种：① 在一堆中取走任意数量物品；② 在两堆中取走相同数量的物品.

一般地，当物品为两堆时，设一堆数量为 m，另一堆数量为 n. 如果 $n = m$，则对先取者来讲是一个不利状态；如果 $n \neq m$，则是有利状态. 即两堆数量相等时，先取者必败. 当两堆数量不相等时，先取者只需从数量多的一堆中取走 $|m - n|$ 个物品，留给对方两堆物品数量相同，然后对方不论从哪堆中取多少物品，自己就在另一堆中取走和对方相同数量的物品，最后必胜.

例 7 设有三堆棋子，一堆 10 枚，一堆 6 枚，一堆 6 枚. 甲、乙两人轮流从任意一堆中取走一枚或几枚甚至一堆棋子，谁取走最后一枚谁获胜. 如果甲先取，问甲如何才能获胜? 如果三堆棋子数目各不相等，如一堆 10 枚，一堆 6 枚，一堆 3 枚，问甲又如何才能获胜?

分析 对于"三堆棋子，一堆 10 枚，一堆 6 枚，一堆 6 枚"的情况，显然甲只需把第一堆全取完，给乙留下相同数量的两堆，如前面分析，就是赢局. 此后乙不论从哪堆中取多少枚，甲就从另一堆中取走和对方相同的枚数，最后必胜.

一般地，假设三堆棋子数分别为 a, b, c，将其记为 (a, b, c). 如果两堆数量相等，不妨设 $a = b$，则先取者甲只需把其中一堆全取完，给对方留下相同数量的两堆，即留给对方 $(a,a,0)$ 就是赢局.

如果三堆棋子数目各不相等，判断起来就复杂了，对此我们从最简单情况进行分析. 如果给对方留下（1,2,3），情况如何呢？

对方取完棋子后共有 6 种情况：

（0,2,3），（1,0,3），（1,2,0），（1,1,3），（1,2,2），（1,2,1）.

前三种情况都只剩下两堆，且棋子数目不相等. 根据前面威佐夫博弈分析，此时只需留给对方数量相同的两堆，然后对方不论从哪堆中取多少枚，自己就从另一堆中取走和对方相同的枚数，最后必胜. 后面三种情况，三堆中有两堆数量相同，如第一问分析，此时只需把其中数量不同的一堆棋子全取完，给对方留下相同数量的两堆即可.

因此，给对方留下（1,2,3）就是赢局.

以此为基础，通过类似分析可得出其他赢局情况，如给对方留下（1,4,5），（2,4,6），（3,5,6）都是赢局.

现在，我们来看"一堆 10 枚，一堆 6 枚，一堆 3 枚"的情况. 甲只需从 10 枚的一堆中取走 5 个，就可转化为（3,5,6），最后必胜.

此游戏称为尼姆博弈.

尼姆博弈：有三堆各若干个物品，两个人轮流从某一堆取任意多的物品，规定每次至少取一个，多者不限，最后取光者得胜.

其规则看似简单，实则蕴含非常深奥的数学道理. 如果我们始终采用穷举法来分析，显然非常复杂，也无法给出一个统一的判断. 其实，什么样的局势是赢局，它与二进制有密切关系.

如果我们把各堆的数目写成二进制形式，如（1,2,3）表示为（1,10,11），（2,4,6）表示为（10,100,110），接着把这些数字加起来——但是不用一般的加法运算，而是不进位竖式加法. 例如

$$
\begin{array}{cc}
0 & 1 \\
1 & 0 \\
\underline{1 & 1} \\
2 & 2
\end{array}
\qquad
\begin{array}{ccc}
1 & 0 \\
1 & 0 & 0 \\
\underline{1 & 1 & 0} \\
2 & 2 & 0
\end{array}
\qquad
\begin{array}{cccc}
1 & 0 & 1 & 0 \\
1 & 1 & 0 & 0 \\
\underline{1 & 1 & 1 & 1} \\
3 & 2 & 2 & 1
\end{array}
$$

我们有如下结论：

给对方留下的残局二进制不进位竖式加法和中每个数字都是偶数，一定是赢局.

比如前两式即（1，2，3），（2，4，6）就是赢局.

下面的问题是，如果甲方是赢局，对方取子后，甲方又该怎样取子呢？

事实上，前面采用的二进制不进位竖式加法和中，每个数字都是偶数时，经过一次取子后，和中各个数字中一定含有奇数；当和中每个数字不全是偶数时，一定存在一种取法，使得取子后，和中各个数字都是偶数.

例如对方取子后变成了（10，12，15），其二进制不进位竖式加法是

$$
\begin{array}{cccc}
1 & 0 & 1 & 0 \\
1 & 1 & 0 & 0 \\
1 & 1 & 1 & 1 \\
\hline
3 & 2 & 2 & 1
\end{array}
$$

显然 3221 中，每位数字并非都是偶数，如果把它变成 2220，就成了赢局. 为此，只需把第三个二进制数 1111_2 变为 110_2，即十进制的 6. 也就是说，从 15 子的一堆中取走 9 个，留下 6 子，则变为赢局.

对于棋子的堆数不止三堆的情况，也可仿照同样的原则去计算.

思考练习

1. 三个强盗和三个富婆一起走到一条河边，要过河. 但只有一只船，一次只能过两个人. 过河时，两边河岸的强盗不能多于富婆，否则富婆会被强盗谋财害命而死. 想一想，他们六人应该怎样过河，才能保证富婆安全？

请你来解决.

2. 用十枚棋子摆成一圈，如图 8.3 所示. 甲、乙两人轮流从中取走一枚或两枚棋子，但如果是取走两枚棋子，这两枚棋子必须相邻，即它们中间既无其他棋子，也无取走棋子后留下的空位. 谁取走最后一枚棋子获胜. 有获胜的策略吗？

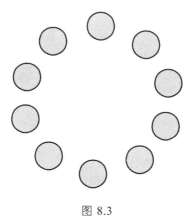

图 8.3

第9章
有趣的七巧板

9.1 七巧板的由来

七巧板也称"七巧图""七巧牌",是源自我国著名的拼图玩具.将一块正方形的板按图 9.1 所示分割成七块(一块正方形、五块等腰直角三角形、一块平行四边形),用七块板以各种不同的拼凑法来拼搭千变万化的形象图案.因为它设计科学,构思巧妙,变化无穷,能活跃形象思维,特别是启发儿童智力,所以深受欢迎.

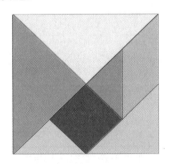

图 9.1

七巧板的历史也许应该追溯到我国先秦的古籍《周髀算经》,其中有正方形切割术,并由此证明了勾股定理.当时是将大正方形切割成四个同样的三角形和一个小正方形,还不是七巧板.现在的七巧板是经过一段历史演变的.

清陆以湉在《冷庐杂识》中记载:"宋黄伯思燕几图,以方几七,长短相参,衍为二十五体,变为六十八名.明严澂蝶几图,则又变通其制,以勾股之形,作三角相错形,如蝶翅.其式三,其制六,其数十有三,其变化之式,凡一百有余. 近又有七巧图,其式五,其数七,其变化之式多至千余. 体物肖形,随手变幻,盖游戏之具,足以排闷破寂,故世俗皆喜为之."

这说明七巧板的发展过程大致是:首先是宋朝的燕几图,逐步演化为明朝的蝶翅几,再就是从清初到现代的七巧板.

"燕"通"宴",所谓"燕几",就是古人创制的专用于宴请宾客的几案. 燕几图是宋朝黄伯思(1079—1118)发明的. 他对几何图形很有研究,发明了一种用6张小桌子组成的"宴几",可以根据吃饭人数的不同,把桌子拼成不同的形状. 案几有大有小,但都以六为度,因此取名"骰子桌". 之后他的朋友建议他增设一件小几,以便增加变化,所以又改名"七星桌"(图9.2). 最后,黄伯思编定《燕几图》,阐明此桌原理机制,从而逐渐在民间流传.

图 9.2

后来,明朝戈汕根据燕几图的原理设计了蝶翅几,大胆引进三角形,设计成一套十三件的几案系列,合起来呈蝶翅形,分开组合的图形可达百余种,并据此编成《蝶几谱》.

据记载,蝶翅几"实用之余,转为清玩,变桌为板,具体面微",成为七巧板的前身. 在燕几和蝶几基础上发展而来的七巧板,已经不再主要作为案几或家居用品,而逐渐演变为一种拼板智力玩具.

最初的七巧板,形制各异. 到清代嘉庆年间由"养拙居士"在综理拼玩实践的基础上写成《七巧图》一书刊行后,其形制乃成定式. 到了明末清初,皇宫中的人经常用它来庆贺节日和娱乐,拼成各种吉祥图案和文字,至今故宫博物院还保存着当时的七巧板.

到了 19 世纪，七巧板传到国外，立刻引起了人们极大的兴趣，并迅速传播开来，被称为"东方魔板"或"唐图"，即来自中国的拼图．据说，拿破仑在战争之余，最喜欢拼七巧板了．英国、芬兰、美国等很多国家，都在教科书中设置了七巧板拼图．今天，在世界上几乎没有人不知晓七巧板或七巧图．

1978 年，荷兰人 Joosf Elffers 编写了一本有关七巧板的书，书中搜罗了 1600 种图形，该书被译成多国文字出版．用这七块板可以拼搭成几何图形，如三角形、平行四边形、不规则的多角形等；也可以拼成各种具体的人物形象，或者动物，如猫、狗、猪、马等；或者桥、房子、宝塔；或者一些中、英文字符号．

9.2 欣赏由七巧板拼成的各种图案

你们知道吗？1994 年由中国香港承办的第 35 届国际数学奥林匹克的会标就是由七巧板拼成的一条乘风破浪的帆船（图 9.3），除此之外，七巧板还能拼出各种各样的图案（图 9.4 ~ 图 9.7），下面就让我们一起来欣赏欣赏吧！

图 9.3

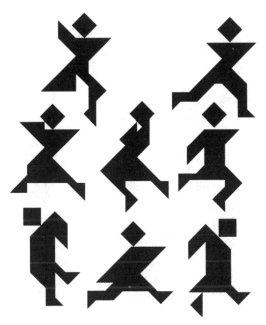

图 9.4　人物图

图 9.5　动物图

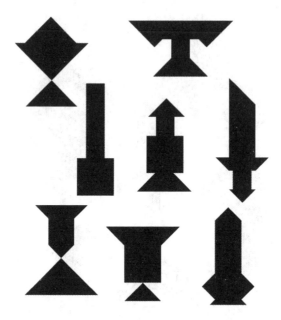

图 9.6　物品图

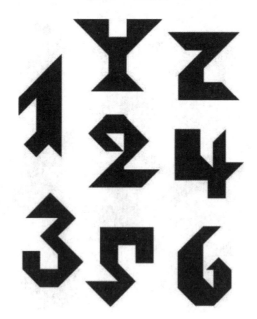

图 9.7　数字与字母图

用七巧板每次只能拼出一个图形，如果我们利用几副七巧板，就可以拼出整整一幅图画来.

下面这两个人正在打球（图 9.8），我们还可以图配诗（图 9.9）.

图 9.8

次北固山下

客路青山外，行舟绿水前

潮平两岸阔，风正一帆悬

书山有路勤为径
学海无涯苦作舟

图 9.9

9.3　七巧板的游戏规则

儿歌

七块小板都用到，不能多来不能少.

不能重叠，不能离，七块小板紧紧靠.

此儿歌说明了七巧板的游戏规则：每个图形拼时必须七块板全用上，不多不剩；各块板不得互相压盖.

9.4　制作一副七巧板

将一块正方形的板如图 9.10 所示,分割成七块(一块正方形、五块等腰直角三角形、一块平行四边形),这就做成了一副七巧板.

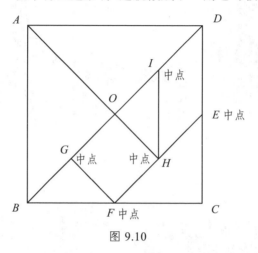

图 9.10

下面我们就可以用这七巧板来拼搭各种图案了.

9.5　玩一玩七巧板

(1)你能用一幅七巧板中的两块拼成一个正方形吗?用三块呢?四块呢?五块呢?

(2)请用七巧板拼成一个三角形、一个长方形、一个平行四边形、一个梯形,再把七巧板还原成正方形.

(3)拼一拼下列图形(图 9.11),想想脚从哪儿来?

(4)以 1~3 人为一个小组,利用 2~4 副七巧板,合作拼图,一副七巧板拼一个基本图形,并要求根据拼图编一个想象合理的故事.

(5)自己选定一个主题,如人物,或船,或英文字母,或阿拉伯数字,自由拼.

图 9.11

我们还可以利用七巧板验证勾股定理.

准备两副相同的七巧板. 先将一副七巧板拼成大正方形 ABCD, 再将另外一副同样大小的七巧板拼成两个小正方形 BIHE 和 CEFG, 并使它们与 ABCD 相接, 如图 9.12 所示. 这时 ACG, DBI, BEF, 和 GEI 必均为直线. 这样, 3 个正方形之间正好空出一个大直角三角形 BCE, 其斜边（弦）就是大正方形的一条边, 它的两条直角边（勾和股）分别是两个小正方形的一边. 由于两幅七巧板的面积相等, 这就验证了两个直角边的平方和等于斜边的平方和, 即勾方+股方=弦方. 当然, 这只是验证了直角三角形中两直角边相等时的特殊情况.

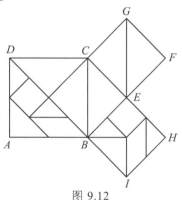

图 9.12

一副七巧板可以拼出 1 600 多种图形. 如果你知道了一个图形是怎样拼成的, 哪一块板片应放到什么位置, 同哪一块贴邻, 那么, 拼出一个图形是很容易的. 但是若要求你拼出给定图形, 但没有事先给出提示, 则具有一定的挑战性，这需要你动动脑筋了，这里不仅需要机敏的智力，还需要很大的耐心，这也正是七巧板的魅力所在.

玩过七巧板以后，你一定能够回答下面的问题了：

能否用七巧板拼出一个等边三角形？你拼出的这些图形，哪个面积最大？想想看.

作为课后练习，请大家用七巧板拼拼前面欣赏过的图形.

【阅读材料】

传承发展——七巧板的变体

七巧板是中国人发明的．七巧板在流传到海外之后被加以发展、改造，也产生了许多创新，因此，有关七巧板的内容极为丰富，但其原理和中国的七巧板均相同．下面我们来介绍国外的几种七巧板.

1. 阿基米德的"小盒子"

阿基米德的"小盒子"也称阿基米德十四巧板．是由 1 块正方形底板，先分成 2 个 1∶2 的矩形，再分割成 14 块而成的，如图 9.13 所示．其中既有锐角三角形、钝角三角形，也有直角三角形，还有不规则的 2 块四边形和 1 块五边形．因此可以称之为"超级七巧板"，它能够拼出许多复杂的图案来.

2. 日本七巧板

如图 9.14 是日本七巧板，由 1 块正方形板分割而成，其中有 1 个小三角形，2 个大三角形，1 个正方形，1 个平行四边形，2 个梯形.

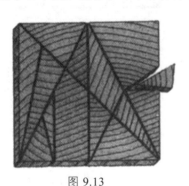

图 9.13　　　　　　　　　图 9.14

3. 德国的多巧板

目前为止，世界上品种最多、最复杂的七巧板要数德国阿道尔夫·李希特博士发明的多巧板，形状有正方形、长方形、三角形、六角形、八角形、圆形、椭圆形、蛋形等（李希特的"多巧板"见图 9.15），品种多达 36 种．

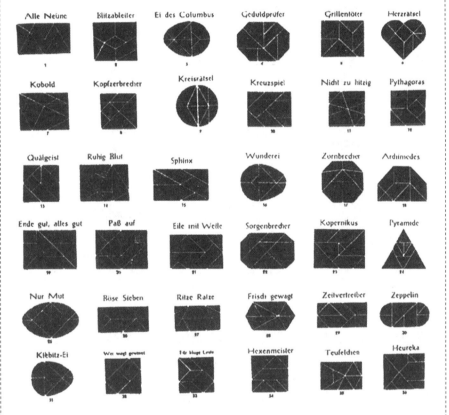

图 9.15

前面所介绍的七巧板都是平面式的，事实上，还有立体 n 巧板．据记载，丹麦人发明了用 7 个不规则立方体（图 9.16）组成的立体七巧板．英国数学家康韦和盖伊研究得出，将其拼成一个大立方体有 480 种方案．美国西维·法希在 1982 年出版的《立体七巧板世界》中呈现了用立体七巧板拼成的 2000 多个小屋、宝塔、高墙等结构图样，创下了目前的世界纪录．

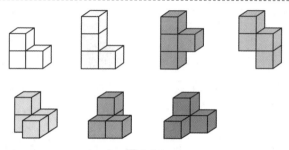

图 9.16

波兰数学家米库辛斯基发明了一种立体六巧板（组件见图 9.17），除此之外，还有立体四巧板、立体五巧板、立体八巧板等.

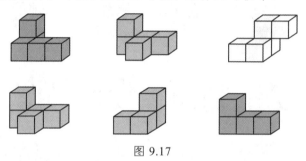

图 9.17

自七巧板问世以来，人们就没有停止过创新的脚步. 如我国图形科普学研究者楼珠球老师认为，传统七巧板图案量少、形象单调、没有弧线，影响和限制了拼图功能，类似于汽车、坦克、航天飞机等现代有形世界的新画面难以展现. 于是，他在传统七巧板的基础上，引用现代高等数学的几何学、拓扑学和线性规划原理设计了现代"智力七巧板". 现代智力七巧板由圆、半圆、三角形、梯形、"角不规"图形、"圆不规"图形 7 块组成（见图 9.18），能拼出大千世界更多的事物和造型.

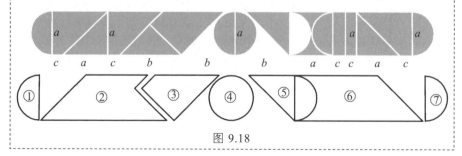

图 9.18

第 10 章
一笔画

想一想，画一画：

对于下面的图形（图 10.1），你能否从图上的某一点开始，笔不离纸，不重复地画出整个图形？

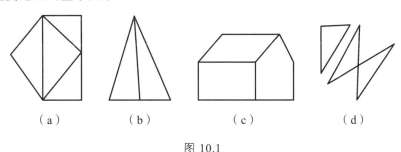

（a）　　　　（b）　　　　（c）　　　　（d）

图 10.1

此问题即是图的一笔画问题．如果一个图形可以用笔不离纸且每条线都画到并不重复，则这个图形就叫作一笔画图形．让我们从产生这一问题的历史背景谈起吧！

10.1　哥尼斯堡七桥问题

事情发生在公元 18 世纪普鲁士的哥尼斯堡城（Konigsberg）①．普雷格尔河从这个城市穿过，河中有两座小岛，共有 7 座桥横跨于河上，将两岛

———————

① 注：哥尼斯堡曾是德国东普鲁士的城市，第二次世界大战期间，遭受战火袭击，1945 年，根据《波茨坦协定》，哥尼斯堡划归苏联，1946 年改名为加里宁格勒．

113

同河的两岸连接起来（图 10.2）. 当时哥尼斯堡的居民经常到河边散步. 不知谁最先提出了一个问题：一个人能否一次不重复地走遍这七座桥，最后又回到出发点.

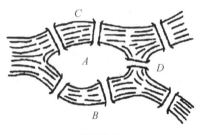

图 10.2

问题提出后，很多人对此充满兴趣，纷纷进行试验，但在相当长的时间里，始终未能解决. 这就是著名的"哥尼斯堡七桥问题".

1735 年，有几名大学生给当时正在俄罗斯的圣彼得堡科学院任职的天才数学家欧拉（Leonhard Euler，1707—1783）写信，请他帮忙解决这一问题. 欧拉亲自观察了哥尼斯堡七桥后，以深邃的洞察力猜想，也许根本不可能不重复地一次走遍这七座桥. 1736 年，29 岁的欧拉在圣彼得堡科学院做了一次学术报告，在报告中他证明了他的猜想.

10.2　图与一笔画定理

欧拉解决哥尼斯堡七桥问题的方法独特，思想新颖，非常具有启发性. 他用点表示小岛和两岸，用连接两点的线段（或弧）表示连接相应两地的桥. 由此得到了如图 10.3 所示的几何图形. 这样七桥问题就转化成了一笔画问题：

能否从 A，B，C，D 中的某一点出发，一笔画出这个简单图形（即笔不离纸，而且 a，b，c，d，e，f，g 各条线只画一次不准重复），并且最后返回起点？

欧拉证明了这个问题没有解，并且推广了这个问题，给出了对于一个给定的图可以某种方式走遍的判定法则. 这项工作使欧拉成为图论及拓扑学的创始人.

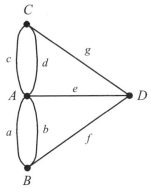

图 10.3

数学上把这种由有限个点和线段（或弧）组成的图形叫作图（graph）. 图中的点叫图的顶点或结点，线段（或弧）叫图的边. 顶点记为 v，顶点的集合记为 V（vertex），边记为 e，边的集合记为 E（edge）.

作为一个图，还必须满足以下条件：

（1）每条边都有两个端点（可以重合）作为顶点，但两个顶点之间未必有边相连；

（2）各条边之间互不相交.

如图 10.4 中，（a）不是图，（b）是图.

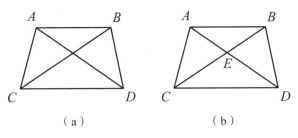

图 10.4

一个图完全由它的顶点和边的个数以及它们相互联结的情况来确定，而与边的曲直长短无关.

在一个图 G 中，若从顶点 v_i 到顶点 v_j 有路径相连，则称 v_i 和 v_j 是连通的. 如果图中任意两点都是连通的（任何两点间都有线连接），那么图被称作连通图. 图的连通性是图的基本性质.

图中与一个顶点相联结的边的条数称为这个顶点的度数. 度数为偶数的顶点叫作偶点（偶结点）. 度数为奇数的顶点叫作奇点（奇结点）.

图有以下基本性质定理.

定理 1（握手定理） 任意图中，所有顶点的度数和为偶数.

证 设图 G 顶点 $V = \{v_1, v_2, \cdots, v_n\}$，边的条数 $|E| = m$. G 中每条边均有两个顶点，所以在计算 G 中各顶点度数之和时，每条边均提供 2 度，所以 m 条边共提供 $2m$ 度，即所有顶点的度数和为 $2m$.

定理得证.

推论 任何图中，奇点的个数是偶数.

证 因为图所有顶点的度数之和等于偶点的度数之和加上奇点的度数之和，而所有顶点的度数之和与偶点的度数之和均为偶数，所以奇点的度数之和一定是偶数. 而奇数个奇数的和为奇数，故奇点的个数必为偶数.

欧拉认为，能一笔画的图形必须是连通图. 但是，不是所有的连通图都可以一笔画出. 能否一笔画是由图的奇点、偶点的个数来决定的.

如果我们从某点出发，一笔画出了某个图形，到某一点终止，那么除起点和终点外，画笔每经过一个点一次，总有画入该点的一条线和画出该点的一条线，因此就有两条线与该点相连. 如果画笔经过一个点 n 次，那么就有 $2n$ 条线与该点相连. 因此，这个图形中除起点与终点外的各点，都与偶数条线相连. 如果起点和终点重合，那么这个点也与偶数条线相连；如果起点和终点是不同的两个点，那么这两个点都是与奇数条线相连的点. 综上所述，能一笔画出的图形中的各点要么都是偶点，要么其中只有两个奇点.

可证明此结论反过来也成立.

欧拉通过研究该问题，给出了一笔画定理.

定理 2（一笔画定理） 一个图 G 可以一笔画出的充要条件是：图 G 是连通的并且奇点的个数等于 0 或 2.

当奇点个数为 0 时，可以取任一顶点为起点，最后仍回到这一点；当奇点个数为 2 时，必须以一个奇点为起点，另一个奇点为终点.

用欧拉定理可以很方便地判断一个图形是否可以一笔画出. 比如图

10.1 中，（a）是连通的，并且奇点的个数等于 0，可以一笔画成，取任一顶点为起点，最后仍回到这一点；（b）是连通的，并且奇点的个数等于 2，可以一笔画成，但需以一个奇点为起点，另一个奇点为终点；（c）虽然是连通的，但奇点的个数等于 4，不能一笔画成；（d）不连通，不能一笔画成.

下面我们来看七桥问题. 由于图 10.3 有四个奇点，不能一笔画出，故原题中散步者不能一次不重复地走遍这七座桥，最后又回到出发点.

对一个连通图，通常把从某点出发一笔画成所经过的路线叫欧拉路；把一笔画成回到出发点的欧拉路叫欧拉回路；具有欧拉回路的图叫欧拉图.

进一步思考：若一个图形不能一笔画，那么至少需要几笔画成？

对此我们有如下定理.

定理 3（多笔画定理） 有 $2n(n>1)$ 个奇点的连通图形，可以用 n 笔画完，而且至少要 n 笔画完.

10.3 图的应用

图论作为数学的一个分支，如今已经形成一个比较成熟的理论体系. 现实中很多问题都可以通过图论的原理来解决.

例 1 图 10.5 是某展览馆的平面图. 每个房间都有一扇门通往馆外，每相邻两个房间之间各有一扇门相通. 参观者能不能一次无重复地穿过每一扇门？如不能，关闭哪一扇门后就能无重复地穿过每一扇门了？并问出、入口在哪里？

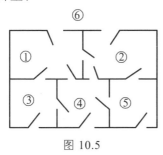

图 10.5

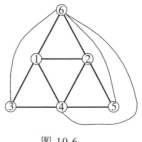

图 10.6

解 5 个展室加馆外，相当于 6 个区域，分别用①～⑥表示. 把它们看成 6 个点，用连线表示相应的门，就可得到图 10.6. 图 10.6 有③④⑤⑥共 4 个奇点，所以不能一笔画成. 即表明，参观者要想不重复地穿过每一扇门是不可能的.

第二问相当于问在图 10.6 中，去掉哪一段线就能使图形一笔画出. 由于③④⑤⑥均为奇点，只要关闭③④之间的一扇门，就只剩下⑤⑥两个奇点了. 这时，只要把⑤⑥分别当作出口、入口，参观者就可以不重复地一次穿过其余各门了.

同样地，关闭④⑤，或⑤⑥，或④⑥，或③⑥之间的任一扇门，参观者也可以如愿以偿.

例2 中国邮递员问题[①]

图 10.7、图 10.8 均表示街道图，图中 A 是邮局的位置，问邮递员应如何设计他的邮递路线，才能使他所走的路程最短？

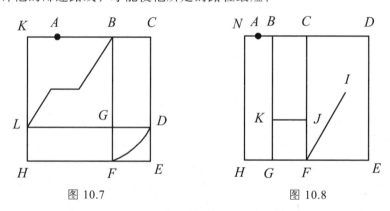

图 10.7　　　　　　　　　图 10.8

分析与解 由于图 10.7 表示的图无奇点，所以它是一个欧拉图. 邮递员可以从邮局出发，不重复地走遍每条街道回到邮局（一笔画），这就是他的最短路线. 而图 10.8 表示的图有 6 个奇点，它不是一笔画图形，要不重复地走遍街道是不可能的. 为了走遍所有街道，有些街道必须重复走，重复走哪些街道才能使总路程最短呢？

---

① 一名邮递员每次从邮局出发送信，要走遍他负责投递的范围内的每条街道，完成任务后回到邮局. 问他按怎样的路线走，所走的路程最短？这个问题是由我国数学家管梅谷先生（山东师范大学数学系教授）在 1960 年首次提出的，因此在国际上称之为中国邮递员问题.

由于任何一个图中奇点个数都是偶数，所以可以把奇点两两配对．如果在一对奇点之间连一条虚线当作增添的重复边，奇点就变成了偶点．用这种方法可使原来的图变成没有奇点的欧拉图．现在的问题是，为了使总路程最短，如何去连这些虚线，使往返重复的路线最短．

一般连虚线的原则是：

（1）连线（虚线）不能有重叠线段．

（2）在每个圈①上，连线长度之和不能超过圈长的一半．

现在我们试着对图 10.8 的奇点连虚线．如图 10.9（a），虚线在 *KG* 一段上发生重叠，根据原则（1），应去掉重叠部分改成图 10.9（b）．但在图 10.9（b）中，对于 *BKJCB* 这个圈来说，增添的虚线长超过圈长之半，由上述原则（2），继续改进成图 10.9（c）．这是一种最好的增添虚线的方法，由此得到最好的邮递路线是 *A*→*B*→*C*→*D*→*E*→*F*→*I*→*F*→*J*→*C*→*B*→*K*→*J*→*K*→*G*→*F*→*G*→*H*→*N*→*A*.

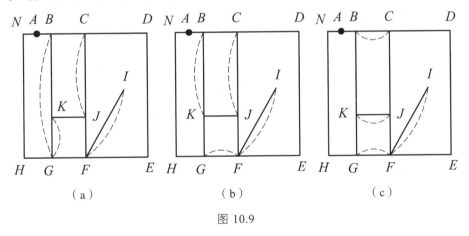

图 10.9

上面例题所用的求最优邮路的方法叫奇偶点图上作业法．

思考练习

1. 下面的图形（图 10.10），能一笔画出来吗？如果不能，至少要画几

---

① 圈指的是任选一个顶点为起点，沿着不重复的边，经过不重复的顶点为途径，之后又回到起点的闭合途径．

笔才能画成？

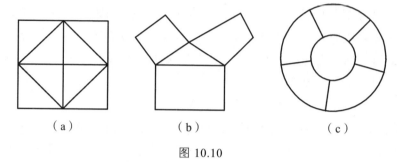

（a）　　　　　　（b）　　　　　　（c）

图 10.10

2.　一名邮递员的投邮区，如图 10.11 所示，A 为邮局所在地．每条边（街道）都有邮件需投递，各边旁所注的数字为该街道的千米数，试求该邮区的最短投递路线及其长度．

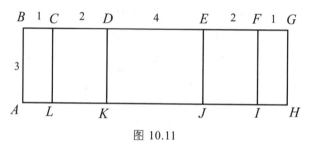

图 10.11

第 11 章
神奇的莫比乌斯带

11.1　初识"魔带"

【开篇故事】

聪明的执事官

据说有一个小偷偷了一位老实农民的东西,被当场捕获,并送到县衙.县官发现小偷正是平日受他庇护的窃贼,原告却是老实农民.他闭着眼睛听了一会双方供词,又胡乱问了几句.县太爷想:如果由我本人宣读审判结果,肯定会引起众怒.他考虑了一会儿,于是在一张纸条的正面写上"小偷立即放掉",在纸的反面写上"农民立即关押".县官将纸条交给执事官,让他去办理,就匆匆离开了县衙大堂.执事官拿起纸条一看,犯了难:放掉农民吧,自己将来要丢饭碗;放掉小偷吧,自己将被全县老百姓所唾骂.聪明的执事官将纸条一端扭转 180°,用手指将两端捏在一起,然后向大家宣布:"根据县太爷的命令应当放掉农民,立即关押小偷".过了一会儿,县官回来,一听大怒,责问执事官.执事官将纸条捏在手上给县官看道:"老爷,你的纸条上可清楚地写着'立即关押小偷立即放掉农民',我可是完全按照您的意思办的,现在全县老百姓都在说您是个包青天一样的好官呐!"县太爷仔细观看字迹,确实没错,也没有涂改.县官不知其中奥秘,只好哑巴吃黄连,自认倒霉.

执事官并没有挪动纸条上的字,而是将纸条一端扭转 180°,然后将两端粘在一起,这时纸条上的字就形成了多个循环字链.

这个神奇的纸环就叫莫比乌斯带.在 1858 年,德国数学家莫比乌斯

（Mobius，1790—1868）在偶然间发现：把一条纸带的一端扭转 180°，和另一端粘在一起，原来有两个面的纸带变成了只有一个面的纸环．后来人们就把这个纸环以他的名字命名为"莫比乌斯带"，也有人叫它"莫比乌斯圈""莫比乌斯环""莫比乌斯指环"，还有人管它叫"怪圈"．

为什么说莫比乌斯带只有一个面呢？如果拿出一支水彩笔，给莫比乌斯带着色，色笔始终沿曲面移动，且不越过它的边界，最后可把莫比乌斯带两面均涂上同一种颜色．我们也说莫比乌斯带具有单侧性（单侧曲面）[图 11.1（b）]，即区分不出何是正面，何是反面，里面或者外面．而我们将一个普通的无扭转度数的纸环涂上颜色，两个面可以涂成不同的颜色．即普通纸环具有两个面（即双侧曲面）[图 11.1（a）]，一个正面，一个反面．

> 莫比乌斯带的性质 1　莫比乌斯带具有单侧性．

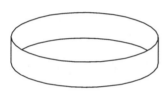 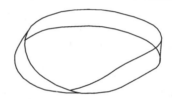

（a）普通环有两个侧面　　　　（b）莫比乌斯带只有一个侧面

图 11.1

简单地说，莫比乌斯带就是一种空间扭转现象．自 150 多年前问世至今，几乎世界上所有数学专著和科普读物都会用一定篇幅来刊登和论述莫比乌斯带的有关内容．通过这些有益的研究和探讨，莫比乌斯带的许多特点和规律已经呈现在人们面前．让我们一起动动手，一起操作，探寻其中的奥秘吧！

11.2　探寻莫比乌斯带性质

11.2.1　从认识普通环开始

将长方形纸带一端分别扭转 360°，720°后将两头粘在一起．问：

（1）这两个纸环分别有几个面，几条边？

（2）将这两个纸环分别沿平行于边线的一条直线剪开，结果会怎样？

　　若将长方形纸带一端分别扭转 360°，720°后将两头粘在一起，我们仍然可以用涂色的方法证明：这两个环同普通的无扭转度数的纸环一样具有两个面、两条边．将这两个纸环分别沿平行于边线的一条直线剪开，结果每个都会变为 2 个周长同原纸环的套在一起的双面环．

　　一般地，当把长方形纸带一端扭转 180°·2n 后将两头粘在一起，得到的均为双侧曲面，即普通环，沿平行于边线的一条直线剪开后会出现两个套在一起的普通环，而且每个纸环的周长和原来的纸环一样．

11.2.2　走近"魔带"

　　（1）将一张长方形纸条画上二等分线（即中线），动手做成莫比乌斯带．问：

　　① 如果将莫比乌斯带沿中线剪开，剪开后结果会怎样？会得到两个莫比乌斯带吗？

　　② 若将已经沿莫比乌斯带中心线剪开得到的圈继续沿中线剪开，结果怎样？

　　（2）将一张长方形纸条画上三等分线，动手做成莫比乌斯带．问：

　　如果将莫比乌斯带沿三等分线剪开，剪开后结果会怎样？是一个大圈？还是三个圈？

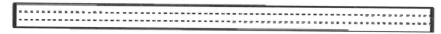

　　（3）如果将长方形纸条画上四等分线、五等分线，……，做成莫比乌斯带，沿线剪开，会出现什么结果？

　　对于上面的问题，请你先猜猜结果，再动手验证一下．

　　你找到规律了吗？那么，猜猜看：

　　如果沿莫比乌斯带 100 等分线，101 等分线分别剪开，结果是什么，道理何在？

　　事实上，当我们沿莫比乌斯带中心线剪开，将会得到一个周长是原周长2倍，表面宽度是原宽度一半的普通环圈，扭转度数为720°．若把得到的这个大圈儿继续沿中线剪开，我们会得到两个周长是原莫比乌斯带周长的2倍，表面宽度是原莫比乌斯带宽度的四分之一，且互相套在一起的普通环圈．

　　如果沿莫比乌斯带三等分线剪开，将得到两个不同大小且相互套在一起的环圈，其中一个是周长等于原周长，表面宽度是原宽度三分之一的莫比乌斯带，另一个是周长是原周长2倍，表面宽度是原宽度三分之一的普通环圈，扭转度数为720°．

　　莫比乌斯带性质2

　　一般地，当我们沿莫比乌斯带中心线剪开，将会得到一个普通环圈；当我们沿靠近莫比乌斯带中心线，且与该中心线距离相等的对称线剪开，我们得到从外观形状上存在方式及称谓上都完全不同的两个环圈，其中包含中心线的一个是莫比乌斯带，另一个是普通环圈．

　　如果把莫比乌斯带的纸面宽 n 等分，并沿着 n 等分线剪开，当 n 为偶数时，得到 $\frac{n}{2}$ 个普通环圈；当 n 为奇数时，得到 $\frac{n-1}{2}$ 个普通环圈和一个莫比乌斯带．

　　根据莫比乌斯带特性，当我们沿莫比乌斯带中心线剪开，我们也可以认为得到一个普通环圈和一个处于虚拟状态的莫比乌斯带．这样莫比乌斯带里永远存在两个环圈，一个是莫比乌斯带，另一个是普通环圈．这个特性的哲学意义是：和谐，包容，合二为一，对立统一．

　　（4）思考并实验．

　　当纸带的一头扭转 $180°\cdot(2n+1)$ ， $n=1,2,3,\cdots$ 后将两头粘在一起时，按前面方式剪开，结果会怎样？

　　事实上，当把这些纸环按前面方式剪开后，其结果与剪开一个莫比乌斯带得到的结果是类似的．与此同时，你发现了吗？当纸带扭转540°后将其两端粘在一起，用剪刀沿着纸带的中线剪开，会得到一个环，它上面带有一个结，这个结是一个三叶形的结．

让我们接着探究发现.

（5）取两张相同的重叠在一起的纸条，把它们同时扭转 180°，然后把相应的端头粘在一起，这就做成了一个"双层"的莫比乌斯带．它整个看起来像是两条紧贴在一起的莫比乌斯带．果真是这样吗？

检验：

把你的手指放进两条带的中间隔层移动，观察会发生什么情形？如果你试着不让它们紧贴，又会发生什么呢？

如果同时沿两者的中线剪下，你会得到什么结果？

其实并非是紧贴在一起的两条莫比乌斯带．你会发现，这是一个扭转了720°的普通环圈，它与沿着中线剪开一个莫比乌斯带后得到的图形是拓扑等价的．因此，若同时沿两者的中线剪下，你会得到两个套在一起的普通环圈．

（6）取三张相同的重叠在一起的纸条，同时扭转半圈，然后把它们的端头依次粘在一起，一个三层的莫比乌斯带便做成了．猜一猜：当该模型松开时，其结果是什么？

其实当该模型松开时你会得到两个环，一个是莫比乌斯带，另一个则是扭转度数为 720° 的普通环圈．它与把莫比乌斯带的纸面宽 3 等分，并沿着 3 等分线剪开后得到的图形是拓扑等价的．

如果是 4 层，5 层，…，n 层的呢？大家不妨先猜猜，然后动手试试，再观察各个结果，看看有什么规律？

莫比乌斯带属于拓扑学中的一小部分．拓扑学是 19 世纪发展起来的几何学的一个重要分支，主要研究几何图形连续改变形状时的一些特征和规律．莫比乌斯带是拓扑学中最有趣的单侧面问题之一．

11.3　莫比乌斯带在实际生活中的应用

莫比乌斯带的概念被广泛地应用到建筑、艺术、工业生产中.

由于莫比乌斯带只有一个面，这个长度自然就是普通纸环一面长度的两倍．有人就想到将这个特性用到机械设备的传动皮带上，这样的话可以把磨损分摊到更多的地方，从而提高皮带的寿命．同理把针式打印机色带设计成莫比乌斯带状，可成倍地延长其使用寿命，大大节省材料．录音机的磁带做成莫比乌斯带状，可以承载双倍的信息量．

有些游乐园中的过山车跑道、莫比乌斯爬梯，采用的就是莫比乌斯带原理．

运用莫比乌斯带原理，我们可以建造立交桥和道路，避免车辆和行人的拥堵．

哈萨克斯坦国家图书馆，是著名的莫比乌斯建筑之一．它的设计打破了传统建筑的造型，它让墙壁在不同的角度变化，时而是墙，时而是屋顶，时而成了地板，最后又变成了墙．还有上海世博会湖南馆也是采用莫比乌斯带造型的．

哈萨克斯坦国家图书馆

以 2007 年世界夏季特殊奥林匹克运动会会标"眼神"为主题的纪念雕塑，其采用的就是象征着无限发展的莫比乌斯带．莫比乌斯带主火炬有着特殊的意义，它象征着连接起全世界智障人士的友谊，彰显出特奥会所崇尚的"转换一种生命方式，您将获得无限发展"的理念．

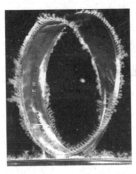

2007 年世界特殊奥林匹克运动会主火炬　　2007 年世界特殊奥林匹克运动会纪念雕塑

126

能够体现莫比乌斯带的艺术特性的除了上面所说的，还有非常有趣的"莫比乌斯餐桌"以及各类标志设计，如微处理器厂商 Power Architecture 的商标就是一条莫比乌斯带，甚至垃圾回收标志也是由莫比乌斯带变化而来的.

莫比乌斯餐桌　　　　微处理器厂商 Power　　　垃圾回收标志
　　　　　　　　　　Architecture 的商标

莫比乌斯带还出现在邮票中，如瑞典 1982 年发行的邮票《不可能的图形》，其实是一个立体的莫比乌斯带. 它也经常出现在科幻小说里面，比如亚瑟·克拉克的《黑暗之墙》. 科幻小说中常常想象我们的宇宙就是一个莫比乌斯带. 由 A. J. Deutsch 创作的短篇小说《一个叫莫比乌斯的地铁站》为波士顿地铁站创造了一个新的行驶线路，整个线路按照莫比乌斯带方式扭曲，走入这个线路的火车都消失不见. 另外一部小说《星际旅行：下一代》中也用到了莫比乌斯带空间的概念. 莫比乌斯带为很多艺术家提供了灵感，比如美术家 M.C.Escher 最著名的版画作品之一《红蚁》，图画中表现一些蚂蚁在莫比乌斯带上面前行.

在中国科技馆的展厅里有一个名叫"三叶纽结"的展品. 它宽 10 m，高 12 m，由三条宽 1.65 m 的带形成的一根三棱柱经过三次盘绕，将其一端旋转 120°后首尾相接，构成三面连通的单侧单边三叶纽结（带）造型. 它实际上是由莫比乌斯带演变而成的. 它预示着科学没有国界，各学科之间没有边界，科学是相互连通的，科学和艺术也是相互连通的！

莫比乌斯带看上去简单，但意义深刻. 它不仅在工业、技术上有那么多美妙的应用，同时也给艺术家带来新奇的想象. 所以我们说，莫比乌斯带是科学的艺术形象，也是艺术形象的科学.

邮票《不可能的图形》

红蚁

三叶扭结

【阅读材料】

有趣的克莱因瓶

2009 年美国《大众机械》杂志列举了世界上风格最怪异、设计最具创新性的 18 座 DIY 住宅,最为吸引人的是一栋位于澳大利亚摩林顿半岛的别墅，叫作克莱因瓶别墅.

克莱因瓶别墅

克莱因瓶别墅的设计灵感来自克莱因瓶，它好像根本分不清楚哪里是内部，哪里是外部．当初，设计师的想法就是能够在房子中央建造一个小型院子，以保证整栋房屋的通风效果．这栋"克莱因瓶"房屋实现了设计师的初衷.

克莱因瓶以著名德国数学家菲立克斯·克莱因（Felix Klein，1849—1925）的名字命名. 早在 1882 年，克莱因就设计出了一种单面的特别的瓶子，它没有瓶底，它的瓶颈被拉长，然后似乎是穿过了瓶壁，最后瓶颈和瓶底圈连在了一起.

克莱因瓶也像莫比乌斯带那样令人感兴趣，并且它们之间有着密切的联系. 如果把克莱因瓶沿着它纵长的方向切成两半，那么它将形成两条莫比乌斯带.

克莱因瓶是一个像球面那样封闭的曲面，但是它只有一个面. 在数学领域中，克莱因瓶是指一种无定向性的平面. 我们可以说一个球有两个面——外面和内面. 如果一只蚂蚁在一个球的外表面上爬行，那么如果它不在球面上咬一个洞，就无法爬到内表面上去. 轮胎面也是一样，有内、外表面之分. 但是克莱因瓶不同，我们很容易想象，一只爬在"瓶外"的蚂蚁，可以轻松地通过瓶颈而爬到"瓶内"去——事实上，克莱因瓶并无内外之分，如果往里头注水，那么水恰从同一个洞里溢出.

如果我们观察克莱因瓶的图片，有一点似乎令人困惑——克莱因瓶的瓶颈和瓶身是相交的. 换句话说，瓶颈上的某些点和瓶壁上的某些点占据了三维空间中的同一个位置. 但是事实并非如此，克莱因瓶是一个在四维空间中才可能真正表现出来的曲面，如果我们一定要把它表现在我们生活的三维空间中，只好把它表现得似乎是自己和自己相交一样. 也就是说，克莱因瓶的瓶颈是穿过了第四维空间再和瓶底圈连起来的，并不穿过瓶壁. 如果把一个克莱因瓶从中间剖开，我们就能得到两条莫比乌斯带. 但是我们无法用两个莫比乌斯带拼出一个克莱因瓶来. 如果我们把两条莫比乌斯带沿着它们唯一的边粘合起来，理论上就得到了一个克莱因瓶，但是我们必须在四维空间中才能真正有可能完成这个粘合，否则的话就不得不把纸撕破一点．

克莱因瓶和莫比乌斯带一样，都是不可定向的．但是与之不同的是，克莱因瓶是一个闭合的曲面，也就是说它没有边界．莫比乌斯带可以嵌入到三维或更高维的欧几里得空间，而克莱因瓶只能嵌入到四维或更高维空间．因此克莱因瓶其实是一个思想模型，无法在我们生活的三维现实世界里制作出来，甚至也无法在三维世界里表现出来．

克莱因瓶不仅有趣，更有重要的理论价值．它在20世纪得到很大发展并广泛应用于拓扑学中．它是与有"里面"和"外面"之分的球面、环面等一类双侧闭曲面并列的另一类单侧闭曲面的典型例子．这两类闭曲面包括拓扑学中闭曲面的所有类型，因而用它们可以对拓扑学所有闭曲面进行分类，而这正是拓扑学要研究的最重要的课题之一．

第 12 章
拓扑学拾趣

哥尼斯堡七桥问题的解决使欧拉成为图论及拓扑学的创始人．欧拉将这个问题化为一个图来解决．这种只研究图形各部分位置的相对关系，而不考虑它们的大小和角度的几何学，完全不同于我们熟悉的欧几里得几何学，欧拉为这种"位置几何学"——图论奠定了最初的基础．图论作为数学的一个分支，现在已形成了比较成熟的理论体系，在解决运筹学、网络理论、信息论、控制论、博弈论及计算机科学等各个领域的问题时，发挥出越来越重要的作用．

这个学科进一步发展，有一分支更加关注图形在拉伸、压缩等连续变形下不变的性质，逐步发展成为拓扑学．

12.1 拓扑学简介

拓扑学属于几何学的一支，它是从图论演变过来的．拓扑学研究的课题是相当丰富有趣的．

诸如左手戴的手套能否在空间掉转位置后变成右手戴的手套，一只车胎能否从里朝外把它翻转过来，是否存在只有一个面的纸张，一只有把儿的茶杯与救生圈更相似还是与花瓶更相似？这些都属于拓扑学研究的范畴．

在拓扑学中，人们感兴趣的只是图形的位置关系，而不考虑长度和角度等性质．有人把拓扑学称为"橡皮几何学"，因为橡皮膜上的图形，随着橡皮膜的拉动，其长度、曲直、面积等都将发生变化．此时谈论"有多长""有多大"之类的问题，是毫无意义的．（参见图 12.1）

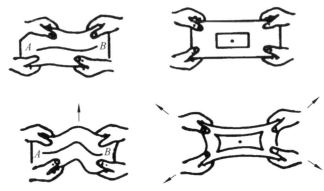

图 12.1

不过，橡皮膜上的图形也有一些性质保持不变．例如点变化后仍然是点；线变化后依旧为线；相交的图形绝不会因橡皮的拉伸和弯曲而变得不相交．

拓扑学正是研究诸如此类，使图形在橡皮膜上保持不变性质的几何学．

橡皮的拉伸和弯曲（连续改变）在数学上称为拓扑变换．几何图形在拓扑变换下还能保持不变的性质叫图形的拓扑性质．

举例来说，在通常的平面几何里，把平面上的一个图形移到另一个图形上，如果完全重合，那么这两个图形叫作全等形．但是，在拓扑学里所研究的图形，在运动中无论它的大小或者形状都可能发生变化．没有不能弯曲的元素，每一个图形的大小、形状都可以改变．

拓扑变换就是你可以捏、拉一个东西，即允许伸缩和扭曲等变形，但不能将其扯破、割断，也不能把原先不在一起的两个点粘在一起．

如果图形 X 经过弯曲、伸缩，而没有撕裂也没粘合（即拓扑变换）变形为 Y，则称两个图形 X 与 Y 拓扑等价或同胚．互相同胚的图形被看作同一图形．

比如，对于 26 个（大写）英文字母，一些拓扑学家就认为可将其分成 3 类：

第一类：A，D，O，P，Q，R；

第二类：C，E，F，G，H，I，J，K，L，M，N，S，T，U，V，W，X，Y，Z；

第三类：B．

第一类在连续变换下都可以变成 O，第二类则都可变成 I.

"内部"与"外部"是拓扑学中很重要的一组概念. 一条头尾相连且自身不相交的封闭曲线，把橡皮膜分成两个部分. 如果我们把其中有限的部分称为闭曲线的"内部"，那么另一部分便是闭曲线的"外部". 从闭曲线的内部走到闭曲线的外部，不可能不通过该闭曲线. 因此，无论你怎样拉扯橡皮膜，只要不切割、不撕裂、不折叠、不穿孔，那么闭曲线的内部总是内部，外部总是外部！

以下的趣闻，就与"内部"与"外部"这两个概念有关.

哈里发嫁女

传说古波斯穆罕默德的继承人哈里发，有一位才貌双全的女儿. 姑娘的智慧和美貌，使许多聪明英俊的小伙子为之倾倒，致使求婚者的车马络绎不绝. 哈里发决定从中挑选一位才智超群的青年为婿. 于是便出了一道题目，声明说：谁能解出这道题，便将女儿嫁给谁！

哈里发的题目是这样的：有两组分别用线连在一起的小圆圈，如图12.2，请用线把写有相同的数字的小圆圈联结起来，但所有的线不许相交，也不许与图中的线相交.

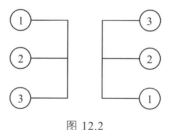

图 12.2

上述问题的解决，似乎不费吹灰之力. 但实际上求婚者们全都乘兴而来，败兴而去！

据说后来哈里发终于醒悟，发现自己所提的问题是不可能实现的，因而后来又改换了题目. 也有的说，哈里发固执己见，美丽的公主因此终生未嫁. 事情究竟如何，现在自然无从查考.

为什么说哈里发所提的问题不可能实现？这可以用拓扑学的知识加以证明. 其所需概念，只有"内部"与"外部"两个.

事实上，我们很容易用线把①—①，②—②连起来. 读者可能已经发现：我们此时得到了一条简单的闭曲线，这条曲线把整个平面分为内部（阴影部分）和外部两个区域（如图 12.3）. 其中一个③在内部区域，而另一个③却在外部区域. 要想从闭曲线内部的③画一条弧线与外部的③相连，而与已画的闭曲线不相交，这是不可能的！这正是哈里发失误之所在.

如果我们把①—①、③—③连起来，得到同样的结果.

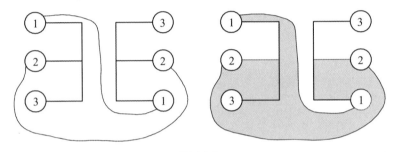

图 12.3

拓扑学专家创造出了许许多多迷人的物体，如莫比乌斯带、克莱因瓶就是两种神奇的拓扑模型，是拓扑学中最有趣的单侧面问题的典型例子.

在我们日常生活周围存在大量与拓扑学相关的例子，如孩童时就玩的"翻绳游戏"，我国古代的九连环、魔方、七巧板都属于拓扑游戏，中国传统艺术瑰宝"中国结"也与拓扑学密切相关.

拓扑学发展到现在，其概念和方法在物理学、生物学、化学等学科中都有直接、广泛的应用. 拓扑学与近世代数、近代分析共同成为现代数学的三大支柱.

12.2　趣味拓扑游戏

下面我们来看几个与拓扑学有关的游戏.

12.2.1　两人脱困

一对男女被两条绳子缠绕在一起（图 12.4）. 绳子的一端绕在男生的右

手腕 A 上，另一端绕着他的左手腕 B. 另一条绳子的一端绕在女生的左手腕 P 上，穿过男生的绳子后再将另一端系在她的右手腕 Q 上. 如果不解开手腕上的绳结，不破坏、不剪断绳子的情况下，这一对男女能否分开呢？

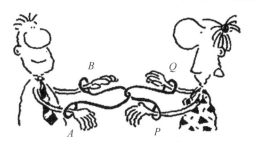

图 12.4

乍看似乎不太可能将他们分开. 事实上有一个相当巧妙的方法可以使他们脱离困境，而且不需使用任何特殊的技巧. 女生甲先抓住绕在自己手上的绳子的中间部分，然后将绳子穿过男生乙右手腕 A 的绳圈，穿越的方向是从手腕的内部顺着手肘的方向到手掌端，随后将绳子回绕过手掌而伸出到手的外侧（图 12.5），此时二人就可分开了.

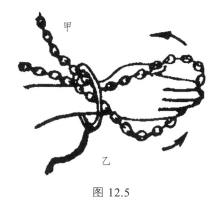

图 12.5

12.2.2 巧取衣服

将一根绳子的一头穿过一件衣服的扣眼，然后绑在窗户的钢条上，另一头穿过一把锁. 绳端系着钥匙，钥匙与锁不配套，也不可能从锁孔中退出，却可以勉强穿过扣眼（图 12.6），现在要求在不剪断绳子也不弄破衣服的前提下，把衣服取走.

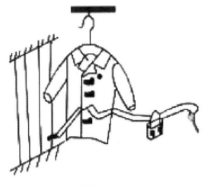

图 12.6

这个游戏的破解方法就是把衣服扣眼处的布挤成小圆锥形从锁眼中穿过，然后再把钥匙从扣眼中穿过去，就可以把衣服取下来（图 12.7）.

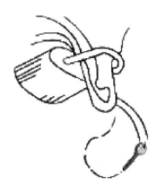

图 12.7

12.2.3　不动绳头拴死结

一条没有打结的绳子，两只手分别抓紧两个绳头不能松开，怎么把绳子打一个如图 12.8 的死结呢？

图 12.8

我们可以做如下分析. 用一条没有打结的绳子打一个死结, 一般是用绳头去挽. 既然不能动绳头, 就得另想办法. 死结的一个特点是可以移动. 绳子没死结, 那么与绳子相连的手臂上就应预先有个"死结", 这个"死结"可以是两手臂交叉抱胸的姿态, 当然姿势可以不同, 但原理都是使双臂先成一个"死结"后再去抓绳, 然后把死结移到绳子上去.

先做好双臂交叉抱胸的姿势, 如图 12.9 所示. 一只手从上面、一只手从下面分别抓紧绳头, 把胳膊伸直后就在绳子上打成一个死结了.

图 12.9

12.2.4 当中取圈

将 6 个一样的铁圈用绳子串着, 绳子的两端如图 12.10 那样开着. 你能把当中的两个铁圈取出来, 却又不让两端的铁圈脱离绳子吗?

图 12.10

只需把绳的两头扣起来，将其一端上的两只铁圈通过绳结移到另一端去，然后再将绳子解开，现在取走中间的两只铁圈便很容易了.

12.2.5　硬币能穿过小孔吗

纸片上有一个两分硬币大小的孔，见图 12.11. 问伍分硬币能通过这个圆孔吗？当然，纸片是不允许撕破的.

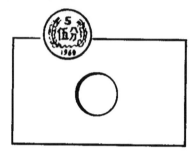

图 12.11

其实只要硬币的直径不超过圆孔直径的一倍半，上面的要求是可以做到的. 大家只需看一看图 12.12 便会明白.

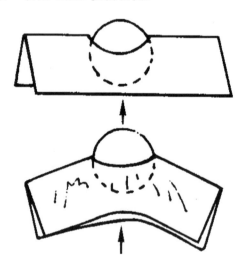

图 12.12

思考练习题答案或提示

1. 61.

2. 51.

3. **证明** 用剩余类构造抽屉.

因为任一整数除以 3 时余数只有 0，1，2 三种可能，把每一种余数看作一个"抽屉"，那么余数相同的数就在同一"抽屉"里. 根据抽屉原理，4 个自然数除以 3 后至少有 2 个数的余数相同，显然这 2 个自然数之差是 3 的倍数.

4. **证明** 用数组构造抽屉.

现将所给数分成如下 7 个数组：$\{2，26\}$，$\{4，24\}$，$\cdots$，$\{12，16\}$，$\{14\}$.

把每个数组看作一个抽屉，当任意取出 8 个不同的数时，若取到 14，则剩下的 7 个数一定取自前 6 个抽屉，这样至少有 2 个数取自同一个抽屉中；若 14 没有取到，则至少有 4 个数取自某两个抽屉中. 而前 6 个抽屉中任一抽屉的两数之和为 28.

5. **证明** 用剖分图形构造抽屉.

半径为 1 的圆面积为 $\pi \cdot 1^2 = \pi$. 过圆心将此圆分为 6 个面积相等的扇形，现将每一扇形看作一个抽屉. 在圆内任意画 13 个点，根据抽屉原理，至少有 3 个点落在同一个抽屉内. 显然，这 3 个点构成的三角形面积小于扇形面积，而每一扇形面积为 $\dfrac{\pi}{6}$，因此命题成立.

第 6 章

1. 利用列举法. 如果：

（1）甲对，那么今天就是星期四，那么丁就也对了，与"只有一个人说对"矛盾；

（2）乙对，那么今天星期一，那么丁又对了，与"只有一个人说对"矛盾；

（3）丙对，今天既不是星期四也不是星期一，同时因为"只有一个人说对"所以丁错，所以今天是周六；

（4）丁对，甲乙丙就应同时错，但这是不可能的，因为如果甲乙都是错的，丙就是对的.

所以，今天是星期六.

2. 从题目可知，8人所讲的话各不相同. 如果赵说的"8人中只有1人讲假话"这句为真，那么剩下的人中，必有6人讲的是真话，无论是哪6人，他们讲的都相互矛盾，所以赵讲的是假话. 同理，钱、孙、李、周、吴讲的都是假话. 如果王说的"我们8人中，讲的全是假话"这句为真，自相矛盾. 只有郑说的"8人中有7人讲的是假话"为真时，不发生矛盾，所以郑说的是真话.

3. 用反证法. 由题意，至少有一人说假话，现假设说假话的有两人或两人以上，这就与"500人里任意两个人总有一个说真话"矛盾. 所以说真话499人，假话1人.

4. 从人的职业看，小张比工程师年龄大，说明小张不是工程师，小李和数学家不同岁，说明小李不是数学家，数学家比小徐年龄小，说明小徐也不是数学家，而小李和小徐都不是数学家，那只有小张是数学家了.

从人的年龄看，从小张比工程师年龄大，又比小徐年龄小这两句话可以看出小徐不是工程师，那只有小徐是教师，小李是工程师了.

因此，小徐是教师，小张是数学家，小李是工程师.

5. 用列表法.

	北京	苏州	南京	化学	地理	物理
张新	0					0
李敏		0		0	0	1
王强						0

其中，由②④可知，李敏不在苏州，故不学化学，从而学物理；张新、

王强不学物理.

由③可知，李敏不在北京，王强在北京，李敏在南京，张新在苏州.

由④可知，张新学化学，王强学习地理.

	北京	苏州	南京	化学	地理	物理
张新	0	1	0	1	0	0
李敏	0	0	1	0	0	1
王强	1	0	0	0	1	0

综上，张新在苏州学化学，李敏在南京学物理，王强在北京学地理.

6. 设计两张表，首先我们来分析三个乘客和他们所在城市.

由①鲁宾逊先生居住在洛杉矶，由②⑤③知琼斯先生不住在奥马哈，由此可以填出第一张表.

	洛杉矶	奥马哈	芝加哥
史密斯先生	0	1	0
琼斯先生	0	0	1
鲁宾逊先生	1	0	0

结合第一张表信息，由④知琼斯是司闸员，由⑥知史密斯不是消防员，由此可完成第二张表，得到史密斯是工程师.

	工程师	司闸员	消防员
史密斯	1	0	0
琼斯	0	1	0
鲁宾逊	0	0	1

第 8 章

1. 设 A 表示富婆，B 表示强盗，一种过河方案是：

[AAABBB，)—(AABB，AB]—[AAABB，B)—(AAA，BBB]—[AAAB，BB)—(AB，AABB]—[AABB，AB)—(BB，AAAB]—[BBB，AAA)—(B，AAABB]—[BB，AAAB]—(，AAABBB].

2. 假设甲先取. 甲取走一枚或两枚棋子后，乙始终可以做到使取后剩下的两堆具有相同的数量，这样就转化为威佐夫博弈中两堆数量相等的情况．然后甲从某一堆某个位置拿多少枚，乙就从另一堆中以与甲相同的方式取，即甲在某一堆里取一个（或两个），乙则在另一堆里取一个（或两个）；若甲在一堆的边上（或中间）取，乙则在另一堆的边上（或中间）取．这样，不论甲如何取，后取者乙总能取胜．

第 9 章

9.5 玩一玩七巧板

（1）用七巧板中的两块、三块、四块、五块拼成一个正方形：

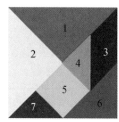

2 块部件组成正方形：①+②

3 块部件组成正方形：④+⑥+⑦

4 块部件组成正方形：①+④+⑥+⑦

5 块部件组成正方形：③+④+⑤+⑥+⑦

注意：本题答案不唯一．

（2）用七巧板拼成一个三角形、一个长方形、一个平行四边形、一个梯形，再把七巧板还原成正方形：

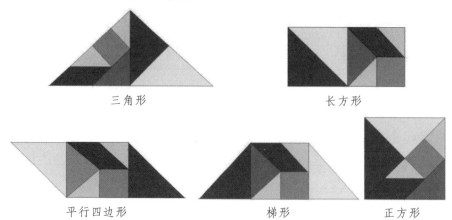

三角形　　　　　　　　长方形

平行四边形　　　　　梯形　　　　　正方形

第 10 章

1.（a）有 4 个奇点，需两笔画成；（b）没有奇点，可以一笔画成；（c）有 10 个奇点，需五笔画成.

2. 图 10.11 的奇点有 C，D，E，F，I，J，K，L 共 8 个，对奇点增添虚线，如图 10.12 所示. 由此得到需要重复走的路段为 CD，EF，IJ，KL. 最好的邮递路线是 $A \rightarrow B \rightarrow C \rightarrow D \rightarrow E \rightarrow F \rightarrow G \rightarrow H \rightarrow I \rightarrow F \rightarrow E \rightarrow J \rightarrow I \rightarrow J \rightarrow K \rightarrow D \rightarrow C \rightarrow L \rightarrow K \rightarrow L \rightarrow A$，全程共走 46 千米.

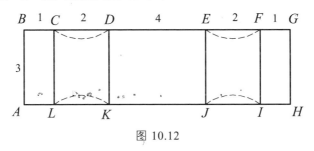

图 10.12

参考文献

[1] 刘耀，赵敦. 趣谈高等数学[M]. 兰州：兰州大学出版社，2000.

[2] 杨明. 趣味数学[M]. 成都：西南交通大学出版社，2016.

[3] 钟善基. 小学迎春杯数学竞赛指导讲座（下）[M]. 北京：北京师范大学出版社，1991.

[4] 李慧玲，施洪亮，等. 精益求精的最优化[M]. 南宁：广西教育出版社，2000.

[5] 人民教育出版社，课程教材研究所，中学数学课程教材研究中心. 数学（A 版）选修 4-7 优选法与试验设计初步[M]. 北京：人民教育出版社，2015.

[6] 王俊邦. 趣味离散数学[M]. 北京：北京大学出版社，1998.

[7] 堵丁柱. 趣味逻辑问题[M]. 长沙：湖南教育出版社，2001.

[8] 张文俊. 数学欣赏[M]. 北京：科学出版社，2010.

[9] 吴鹤龄. 七巧板、九连环和华容道[M]. 北京：科学出版社，2004.

[10] 王宪. 魔带的世界[M]. 长沙：湖南科技出版社，2009.

[11] [美]T·帕帕斯（Theoni Pappas）. 数学趣闻集锦[M]. 张远南，张昶，译. 上海：上海教育出版社，1998.

[12] 陈仁政. φ 的密码[M]. 北京：科学出版社，2011.

[13] [英]劳斯·鲍尔，[加拿大]考克斯特. 数学游戏与欣赏[M]. 杨应辰，等，译. 上海：上海教育出版社，2001.

[14]《探索学科科学奥秘丛书》编委会. 有趣的数学[M]. 北京：世界图书出版社，2009.

[15] [法]多米尼克·苏戴. 数学魔术 84 个神奇的数学小魔术[M]. 应远马，译. 上海：上海科学技术文献出版社，2010.

[16] 谈祥柏. 好玩的数学[M]. 北京：中国少年儿童新闻出版总社，中国少年儿童出版社，2007.

[17] 姜东平，李继彬. 数学趣题[M]. 北京：科学出版社，2009.

[18] [美]温克勒. 最迷人的数学趣题[M]. 谈祥柏，等，译. 上海：上海教育出版社，2007.

[19] 别莱利曼. 趣味思考题[M]. 符其珣，译. 北京：科学普及出版社，1984.

[20] [美]马丁·加德纳. 科学美国人趣味数学集锦之二[M]. 封宗信，译. 上海：上海科技教育出版社，2008.